工业互联网技能人才培养基础系列教材

网络通信技术

刘海平◎主编

人民邮电出版社

北京

图书在版编目（CIP）数据

网络通信技术 / 刘海平主编. -- 北京 ： 人民邮电
出版社，2021.11（2024.1 重印）
工业互联网技能人才培养基础系列教材
ISBN 978-7-115-57703-0

Ⅰ．①网… Ⅱ．①刘… Ⅲ．①网络通信－通信技术－
教材 Ⅳ．①TN915

中国版本图书馆CIP数据核字(2021)第211707号

内 容 提 要

本书系统地介绍了网络通信系统及其关键技术，全书共分为 6 章，主要包括网络与通信技术概述、通信系统构成、移动通信技术、IP 网络技术、数据通信技术以及无线局域网技术等。

本书适合对网络通信技术感兴趣的工程技术人员以及信息通信领域的大专院校学生阅读、学习，也可作为通信企业员工的培训教材。

◆ 主　　编　刘海平
　　责任编辑　王海月
　　责任印制　陈　犇

◆ 人民邮电出版社出版发行　　北京市丰台区成寿寺路 11 号
　　邮编　100164　电子邮件　315@ptpress.com.cn
　　网址　https://www.ptpress.com.cn
　　北京七彩京通数码快印有限公司印刷

◆ 开本：787×1092　1/16
　　印张：13.25　　　　　　　2021 年 11 月第 1 版
　　字数：273 千字　　　　　 2024 年 1 月北京第 3 次印刷

定价：59.80 元

读者服务热线：(010)81055493　印装质量热线：(010)81055316
反盗版热线：(010)81055315
广告经营许可证：京东市监广登字 20170147 号

编辑委员会

主编：刘海平

委员（排名不分先后）：

汪丽华　鲁　捷　陈年华　涂贵军　魏春良

李文阳　胡宏铎　王祥喜　水生军　毕纪伟

李　伟　杨义生　张　琳　罗晓舫　赵　聪

柯德胜　唐旭文　林　霖　丰　雷　赵　帅

周凡钦　赵一琨　高　静　甄泽瑞　谢坤宜

宋　博　高泽华　周　峰　高　峰

出版说明

工业互联网的核心功能实现依托于数据驱动的物理系统和数字空间的全面互联，是对物联网、大数据、网络通信、信息安全等技术的综合应用，最终通过数字化技术手段实现工业制造过程中的智能分析与决策优化。

本套教材共包括 5 册：《物联网技术》《工业大数据技术》《网络通信技术》《信息安全技术》《工业制造网络化技术》。

《物联网技术》一书系统地讨论了物联网感知层、网络层、应用层的关键技术，涵盖云计算、网络、边缘计算和终端等各个方面。将这些技术应用于工业互联网中，能够自下而上打通制造生产和管理运行数据流，从而实现对工业数据的有效调度和分析。

《工业大数据技术》一书介绍了大数据采集、存储与计算等技术，帮助读者理解如何打造一个由自下而上的信息流和自上而下的决策流构成的工业数字化应用优化闭环，而这个闭环在工业互联网三大核心功能体系之间循环流动，为工业互联网的运行提供动力保障。

《网络通信技术》一书系统地介绍了不同类型的通信网络。通信技术通过有线、无线等媒介在工业互联网全环节的各个节点间传递信息，将控制、管理、监测等终端与业务系统连接起来，使工业互联网实现有效数据流通。先进的通信技术将在工业互联网数字化过程中起到重要作用。

《信息安全技术》一书介绍了防火墙入侵防御、区块链可信存储、加解密原理、PKI 体系等内容，这些技术和原理保证了工业互联网在采集、传输、存储和分析数据的整个生产制造流程中安全运行，能够有效阻止生产过程受到干扰和破坏。提升工业互联网的安全保障能力是保证设备、生产系统、管理系统和供应链正常运行的基本需求。

《工业制造网络化技术》一书展现了网络技术如何在工业互联网中落地，以及如何帮助工业企业实现敏捷云制造的最终目标。

本套教材面向发展前沿，关注主流技术，充分反映了工业互联网新技术、新标准和新模式在行业中的应用，具有先进性和实用性。本套教材主要用于在校生学习参考和一线技术人员的培训，内容力求通俗易懂，语言风格贴近产业实际，深入浅出，操作性强，在探索产教融合方式、培养发展工业互联网所需的各类专业型人才和复合型人才方面做了有益尝试。

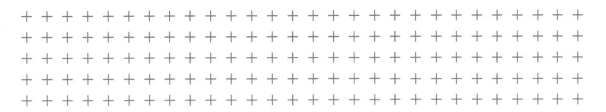

丛书序

未来几十年，新一轮科技革命和产业变革将同人类社会发展形成历史性交汇。世界正在进入以信息产业为主导的新经济发展时期。各国均将互联网作为经济发展、技术创新的重点，把互联网作为谋求竞争新优势的战略方向。工业互联网的发展源于工业发展的内生需求和互联网发展的技术驱动，顺应新一轮科技革命和产业变革趋势，是生产力发展的必然结果，是未来制造业竞争的制高点。

当前，全球制造业正进入新一轮变革浪潮，大数据、云计算、物联网、人工智能、增强现实/虚拟现实、区块链、边缘计算等新一代信息技术正加速向工业领域融合渗透，将带来制造模式、生产组织方式和产业形态的深刻变革，推动创新链、产业链、价值链的重塑再造。

2020年6月30日，中央全面深化改革委员会第十四次会议审议通过《关于深化新一代信息技术与制造业融合发展的指导意见》，强调加快推进新一代信息技术和制造业融合发展，要顺应新一轮科技革命和产业变革趋势，以供给侧结构性改革为主线，以智能制造为主攻方向，加快工业互联网创新发展，加快制造业生产方式和企业形态根本性变革，夯实融合发展的基础支撑，健全法律法规，提升制造业数字化、网络化、智能化发展水平。

《工业和信息化部办公厅关于推动工业互联网加快发展的通知》明确提出深化工业互联网行业应用，鼓励各地结合优势产业，加强工业互联网在装备、机械、汽车、能源、电子、冶金、石化、矿业等国民经济重点行业的融合创新，突出差异化发展，形成各有侧重、各具特色的发展模式。

当前，我国工业互联网已初步形成三大应用路径，分别是面向企业内部提升生产力的智能工厂，面向企业外部延伸价值链的智能产品、服务和协同，面向开放生态的工业互联网平台运营。

我国工业互联网创新发展步伐加快，平台赋能水平显著提升，具备一定行业、区域影响力的工业互联网平台不断涌现。截止到2021年6月，五大国家顶级节点系统的功能逐步完备，标识注册量突破200亿。但不容忽视的是，我国工业互联网创新型、复合型技术人才和高素质应用型人才的短缺，已经成为制约我国工业互联网创新发展的重要因素，尤其是全国各地新基建的推进，也会在一定程度上加剧工业互联网"新岗位、新职业"的人才短缺。

工业互联网的部署和应用对现有的专业技术人才和劳动者技能素质提出了新的、更高的要求。工业互联网需要既懂 IT、CT，又懂 OT 的人才，相关人才既需要了解工业运营需求和网络信息技术，又要有较强的创新能力和实践经验，但此类复合型人才非常难得。

随着工业互联网的发展，与工业互联网相关的职业不断涌现，而我国工业互联网人才基础薄弱、缺口较大。当前亟待建立工业互联网人才培养体系，加强工业互联网人才培养的产教融合，明确行业和企业的用人需求，学校培养方向也要及时跟进不断变化的社会需求，强化产业和教育深度合作的人才培养方式。

因此，以适应行业发展和科技进步的需要为出发点，以"立足产业，突出特色"为宗旨，编写一系列体现工业和信息化融合发展优势特色、适应技能人才培养需要的高质量、实用型、综合型人才培养的教材就显得极为重要。

本套教材分为 5 册：《物联网技术》《网络通信技术》《工业大数据技术》《信息安全技术》《工业制造网络化技术》，充分反映了工业互联网新技术、新标准和新模式在行业中的应用，具有很强的先进性和实用性，主要用于在校生的学习参考和一线技术人员的培训，内容通俗易懂，语言风格贴近产业实际。

邬贺铨

中国工程院院士

前言

　　网络与通信技术自 20 世纪起步，到现今已经融入人们生活中的方方面面，促进了现代社会和数字经济的发展。通信网络作为工业互联网三大功能体系之一，为工业全要素的全面互联提供了基础设施支撑。从基础上看，通信技术通过有线、无线等媒介将信息在工业互联网全环节中的各个节点间进行传递，将控制、管理、监测等终端与业务系统地连接起来，使工业互联网实现有效数据流通。如今，信息通信已经迈向 5G/B5G、全光通信、算网融合的时代，通信技术不断完善的性能促进了垂直行业的发展，结合未来强大而且广泛的边缘算力，将在工业互联网数字连接中起到重要作用。本书详细地介绍了各种网络通信基础技术的发展背景、协议与关键技术，相信读者在读过相关内容之后，能够深入理解网络与通信原理，收获自己的见解。

　　第 1 章和第 2 章主要介绍了通信技术的相关概念和发展情况，向读者清晰地阐述了通信系统的基本构成以及各种类型的通信系统的技术细节。

　　第 3 章向读者们介绍了移动通信网络的发展历程与相关关键技术原理，从最初以模拟信号传输作为基础的第一代移动通信，到如今正如火如荼应用的第五代移动通信，使读者系统性了解各代蜂窝网络通信技术。

　　第 4 章和第 5 章主要介绍了计算机网络中 IP 网络的构成与数据通信的概念。其中，第 4 章详细介绍了 IP 网络技术的基础知识，包括 IP 地址和常见的路由协议。第 5 章介绍了数据通信技术，详细地解释了数据通信各项协议的内容，同时还介绍了数据通信的寻址和交换方式，为读者完整地展现了计算机网络通信的基本技术组成。

　　第 6 章主要介绍了无线局域网的发展历程和相关重要标准，同时对于无线局域网的关键技术也做了相关阐述。

　　在撰写本书的过程中，作者借鉴和参考了许多国内外专家和研究学者的研究成果，在此向这些专家、学者表达感谢。本书结构合理、层次清晰、图文并茂，具有很强的实用性和易读性，适合各级院校作为通信工程等相关专业的教材，也适合所有对网络通信技术感兴趣的读者或相关从业人员阅读。

本书配备了教学 PPT 和习题答案，读者可扫描下方二维码加入"工业互联网技能人才培养教材"QQ 群免费获取。

编者

目录

第1章
网络与通信技术概述

▶ **学习目标**

了解通信的发展史，熟悉信号通信系统模型，掌握通信网的概念、构成要素及功能，掌握 OSI 分层模型。

▶ **本章知识点**

（1）通信的发展史；

（2）通信网的基本概念及构成要素；

（3）通信网的分层结构。

▶ **内容导学**

通信网是由一定数量的节点和连接这些节点的传输系统组合在一起，按约定的信令或协议完成任意用户间的信息交换的通信体系，是一种将地理上分散的用户终端设备互连起来，实现通信和信息交换的系统。通信网的发展彻底改变了人们的沟通方式。

在本章的学习中，应重点关注以下内容。

（1）掌握通信网的基本概念及其构成要素

通信网一般由信源（发端设备）、信宿（收端设备）和信道（传输媒介）3 个要素组成。通信网包括电信网、有线电视网、计算机网、移动通信网和广播电视网等。

（2）了解通信网的体系架构

通信网由接入网、传送网、承载网、核心网及业务网组成。

① 接入网：用户终端接入网络的各种接入方式的总称。

② 传送网: 省级干线网、省内干线网、城域骨干传送网及同步网。

③ IP 承载网: IP 骨干网和 IP 城域网。

④ 核心网: 承载于传送网和 IP 承载网之上, 是为业务提供承载和控制的网络。

⑤ 业务网: 承载于核心网之上, 为用户提供业务接入和业务管理的网络。

（3）掌握通信网的网络分层模型（OSI）

开放式系统互联（Open System Interconnection, OSI）定义的网络体系结构将协议和服务由下至上分层, 分别为物理层、数据链路层、网络层、传输层、会话层、表示层和应用层, 其目的是每一层都可单独进行协议开发而互不影响, 即改变一个层的协议, 其上一层的服务可以不变。

1.1 通信的基本概念

1.1.1 通信的发展

1. 原始时期

动物之间很早就开始了"通信", 比如, 鸟类的鸣叫、猴子在遇到危险时互相提醒、狼群在捕捉猎物前的沟通、昆虫通过触角相互交流等, 这些都是原始的生物之间的通信。在这个过程中, 它们可能通过声音、激素、光等媒介, 来达到通信的目的。

人类在进化的初期, 可能还是很简单地靠动作和动物时期的"语言"互相沟通、交流。这时候, 一个标志着人类文明开始的事件发生了——钻木取火。火在人类通信发展过程中起到了至关重要的作用。

2. 古代通信

在中国古代, 人们就用简单的文字、壁画等方式进行交流, 向对方传递信息, 如图 1-1 所示。根据出土的甲骨文记载, 殷商时代, 边境派将士防守时, 设置了大鼓, 一旦出现敌情, 守将立即命令守兵击鼓传信, 鼓声频传, 一站接一站, 把敌寇来犯的紧急军情向天子报告, 如图 1-2 所示。甲骨文上的这些记载, 证明早在距今 3 400 年前我国就已经出现了有组织的通信活动。

在东周时期, 我国就有了"烽火告警"的通信创举。烽火台呈方形, 用砖砌成, 高出地面 7m 左右, 烽火台上堆满了柴草和干草粪。如果外敌入侵, 士兵就点燃当地的烽火, 火光冲天, 黑烟滚滚, 目标十分明显, 远远就可以看到。邻近的烽火台相继点燃烽火, 接力传递军情信息。军队看到烽火信息后, 就会立即出兵迎敌, 这就是烽火告警, 如图 1-3 所示。三国时期，孔明为了在相隔很远的战场间实现信息的沟通，发明了孔明灯。孔明灯灯罩的颜色不同，发射出来的光的颜色也不尽相同，利用这个方法传送不同的信息。

图 1-1　利用简单的文字传递信息

图 1-2　利用鼓声传递信息

图 1-3　烽火告警

　　从希腊的军事通信记载可知，公元前 200 年，人们利用锣鼓、旗语、人力和马力，以及专门训练的信鸽等方式来传递信息。在古代，最常用的通信方式是信件，"邮"为步递，"驿"为马递，通过"邮驿"传递信件。中国从秦代直至清代，都设有全国范围的驿站，满足官方信息和军事情报传递的需要，"驿传"成为有组织的通信方式。著名诗句"烽火连三月，家书抵万金"佐证了邮政通信的存在。直至今日，个别原始部落仍采用击鼓鸣号等古老的通信方式进行信息的传递。清代末期，驿站逐渐演变为邮局，提供民间信件传递的业务，成为"官办民享"的国家邮政系统。而现在的邮政已经发展成传递各种实物和信息的庞大系统。因此，通信的发展史就是人们不断寻求如何实现快速、准确而安全地传递信息的进步史。

3. 近现代通信

近现代通信是从将电磁技术引入到通信中开始的，人们从尝试使用电话、电报、传真，到成规模地建设各种电信网络，并创造了性能更强、质量更好、效率更高的数字通信和光纤通信。近现代远距离通信技术都是以电磁理论作为基础的，无论是有线通信技术，还是无线通信技术，都带有电磁的痕迹。随着数学、物理等基础学科在近现代社会中的飞速发展，各种物理和数学理论的进步、方法的健全，通信领域也开始有了翻天覆地的变化。

1820 年，丹麦物理学家奥斯特（Oersted）在一篇论文中公布了他的一个发现：在与伏特电池连接的导线旁边放一个磁针，磁针马上就发生了偏转，出现了电生磁的现象，这是人类第一次发现电与磁之间的联系。1822 年，安培（Ampere）受奥斯特的启发，发现了电流之间相互作用的规律——安培定律，同时，确定了判断电流磁场方向的安培定则和判断磁场对电流作用力方向的左手定则。1831 年，法拉第（Faraday）利用磁场效应的变化，促使电流的产生，发现了电磁感应现象。1837 年，美国人莫尔斯（Morse）成功地研制出了世界上第一台电磁式电报机。1844 年 5 月 24 日，莫尔斯在美国联邦最高法院会议厅用"莫尔斯电码"发出了人类历史上的第一份电报，从而实现了长途电报通信。1864 年，英国物理学家麦克斯韦（Maxwell）从电磁波与光的性质入手，提出了描述电磁现象的两组方程，建立了一套电磁理论，预言了电磁波的存在，表明电磁波与光以同样的速度进行传播。1875 年，苏格兰青年贝尔（Bell）发明了世界上第一台电话机，并于 1876 年申请了发明专利，1878 年，贝尔在相距 300 千米的波士顿和纽约之间进行了首次长途电话实验，并获得了成功，后来成立了著名的贝尔电话公司。1877 年，爱迪生（Edison）改进了贝尔的电话，话筒更加灵敏、有效。1878 年，沃特森（Watson）在电话机上增加了磁性电铃，用户可以呼叫交换台，而交换台也可以呼叫每个用户。磁石电话和人工电话交换机应运而生。1879 年，卢赛薇尔特（Lucevilt）发明了挂钩开关器，拿起话筒时，电话机自动接通；放下话筒时，电话机又自动切断。1880 年出现了供电式电话机，通过二进制模拟用户线与本地交换机接通。1885 年，步进制交换机诞生。

至此，所有的通信技术都使用有线的方式，直到 1888 年，德国物理学家赫兹（Hertz）在实验中发现了电磁波的存在，证明了麦克斯韦电磁理论。这个实验轰动了整个科学界，成为近代科学技术史上的一个重要里程碑，从而催生了无线电，并推动了电子技术的发展。1891 年，美国人史瑞乔（Shercho）发明了自动电话选择器，这是一种磁铁式的步进滑动接触装置，根据拨号盘发来的一个个电流脉冲信号，自动地上升、旋转、选择接线位置，自动接通所需的电话线路。1892 年，史瑞乔进一步发明了步进式自动电话交换机。1894 年，意大利工程师马可尼（Marconi）和俄国科学家波波夫（Popov）在麦克斯韦的电磁波理论和赫兹电磁波实验的基础上，采用电磁波作为传播媒介，夜以继日地进行系列试验，终于利用多路火花放电器等研制成一台发射机，并且把金属屑检波器改装成接收机，这就是早期的无线电发射机。1898年，马可尼研制了大功率的发射机，提高了接收机的灵敏度，使无线电波通信跨越英吉利海峡，为正在举行的游艇竞赛传递了比赛的消息。1901年，马可尼使用他发明的火花隙无线电发报机，成功发射了跨越大西洋的长波无线电信号，实现了欧洲和美洲的直接通信。1906年，美国物理学家费森登（Fessenden）实现了人类历史上首次无线电广播。1915年，横贯大陆的电话开通，实现了越洋语音的连接。

电报和电话开启了近代通信的历史，但在当时都是小范围的应用，在第一次世界大战后，通信的发展速度有所加快。1918年，美国的阿姆斯特朗（Armstrong）提出了超外差原理，利用本地产生的振荡波与输入信号混频，将输入信号频率变换为某个预先确定的频率，以适应远程通信对高频率、弱信号接收的需要。1920年，美国无线电专家康拉德（Conrad）在匹兹堡建立了世界上第一家商业无线电广播电台，从此广播事业在世界各地蓬勃发展，收音机成为人们了解时事新闻的方便途径。1924年，第一条短波通信线路在瑙恩和布宜诺斯艾利斯之间建立起来。1924年，美国科学家奈奎斯特（Nyquist）推导出了理想低通信道下无码间串扰的最高码元传输速率的公式，并在1928年发表的论文中提出了低通模拟信号的抽样定理，奠定了现代数字通信的基础。1930年，传真和超短波通信技术问世。1933年，法国人克拉维尔（Clavier）建立了英法之间的第一条商用微波无线电线路，推动了无线电技术的进一步发展。1935年，出现了模拟黑白电视。1936年，调频无线电广播开播。1937年，雷沃斯（Rios）发明了脉冲编码调制，奠定了数字通信的基础。1938年，电视广播开播。

1946年，第一台数字电子计算机"埃尼亚克"（ENIAC）问世。高速计算能力成为现实。同年，冯·诺依曼（Von Neumann）对"埃尼亚克"进行了一系列改进，提出计算机整体结构的组成，分成5个部分，即计算器、控制器、存储器、输入部分和输出部分。在他的方案中，采用二进制来代替十进制，同时引进了"存储程序"的概念，就像储存数据一样，把程序也储存在存储器中。这样，数据和指令都可以采用二进制表示，而且又可以一起存储。二进制促成了数字通信的广泛应用。这些都是电子计算机发展史上的创举。1947年，晶体管在贝尔实验室问世，为通信器件的进步创造了条件。1948年，香农（Shannon）提出了信息熵、信道容量等概念，定量揭示了通信的实质问题，建立了通信统计理论，成为现代信息论研究的开端。此后香农又发表了率失真理论和密码理论等方面的论文，奠定了编码理论的基础。1950年，时分多路通信被应用于电话系统。1951年，直拨长途电话开通。1956年，越洋通信电缆敷设完成，欧美长途海底电话电缆传输系统建成。1957年，出现电话线数据传输，发射了第一颗人造地球卫星。1958年，发射了第一颗通信卫星。1962年，美国电话电报公司（AT&T）发射了"TELESAT-1"低轨通信卫星和第一颗同步通信卫星，并开通了国际卫星电话，奠定了商用通信卫星的技术基础。后来，地球同步轨道通信卫星大量投入商用，提供高容量的话路中继和广播电视信号转发业务。近年来，卫星通信技术发展的重点是高通量卫星传输技术、星上处理交换技术、多波束天线技术、点波束频率重用技术等，脉冲编码调制进入实用阶段。

1964 年，美国 Rand 公司提出了无连接操作寻址技术，目的是在战争残存的通信网中，不考虑时延限制，尽可能可靠地传递数据报。1969 年，美国军方为了确保自己的计算机网络在受到袭击时，即使部分网络被摧毁，其余部分仍能保持通信联系，便由美国国防部的高级研究计划局（ARPA）建设了一个军用网，叫作"阿帕网"（Advanced Research Projects Agency Network，ARPAnet）。该网络利用了无线分组交换网与卫星通信网，采用包交换机制，开发并利用 TCP/IP 协议簇，较好地解决了异构网络互联的一系列理论和技术问题。

1970 年，光纤研制取得了重大突破。1976 年，美国在亚特兰大成功地进行了世界上第一个光纤通信的现场实验，光纤通信逐渐走向实用。

20 世纪 80 年代，超大规模集成电路、长波长光纤通信系统得到广泛应用；个人计算机和计算机局域网出现；综合业务数字网崛起；第一代、第二代移动通信技术相继问世；网络体系结构的国际标准陆续制定。1978 年，美国贝尔实验室首次成功地开发了高级移动电话系统（Advanced Mobile Phone System，AMPS），标志着第一代移动通信系统问世。1982 年，第二代蜂窝移动通信系统被正式定义，其主要包括 3 种技术制式，分别是欧洲标准的全球移动通信系统（Global System for Mobile Communication，GSM），美国标准的数字高级移动电话系统（Digital-Advanced Mobile Phone System，D-AMPS）和日本标准的 D-NTT。1992 年，GSM 在欧洲正式开始商用。

1983 年，美国国防部将 ARPA 网络划分为军事网络和民用网络，同时，局域网和广域网的产生和蓬勃发展对 Internet 的进一步发展起到了重要的促进作用，其中最引人瞩目的是美国国家科学基金会（National Science Foundation，NSF）建立的 NSFnet。NSF 在全美国建立了按地域划分的计算机广域网，并将这些地域网络和超级计算机中心连接起来。1988 年，"欧洲电信标准协会"成立。1989 年，欧洲核子研究组织（European Council for Nuclear Research，CERN）发明了万维网（WWW）。1990 年，NSFnet 彻底取代了 ARPAnet 而成为 Internet 的主干网，并逐渐扩展到今天的互联网。

通信并没有就此停滞，而是走向了更广阔的空间。20 世纪 90 年代至今，各种无线通信和数据移动通信技术不断涌现；光纤通信得到广泛应用；国际互联网和多媒体通信技术也得到极大的发展。1991 年，美国政府决定把 Internet 主干网交给私人经营。1992 年，GSM 被选为欧洲 900 MHz 系统的商标——"全球移动通信系统"。1993 年，我国第一个数字移动电话 GSM 系统建成开通。1996 年，美国提出"下一代互联网（Next Generation Internet，NGI）计划"。1997 年，68 个国家签定了国际协定，互相开放电信市场。2000

年，国际电信联盟（International Telecommunications Union，ITU）确定 WCDMA、cdma2000 和 TD-SCDMA 为第三代移动通信（3G）的三大主流无线接口标准，并将其写入了 3G 技术指导性文件。2007 年，ITU 将 WiMAX 补选为第三代移动通信标准。2012 年，国际电信联盟在无线电通信全会全体会议上，正式审议并通过将 LTE-Advanced 和 Wireless MAN-Advanced（802.16m）技术规范确立为 IMT-Advanced（俗称 4G）的国际标准，我国主导制定的 TD-LTE-Advanced 和 FDD-LTE-Advanced 同时成为 4G 国际标准。2015 年，ITU-R 在世界无线电通信大会（WRC-15）上确定了 5G 蓝图。2019 年，部分国家率先展开 5G 商用。

当代通信是在前人基础上创造的移动技术、互联网技术和融合技术的综合体。例如，5G 作为新一代移动通信技术，不仅将进一步提升用户的网络体验，同时还将满足未来万物互联的应用需求。

总结来看，在过去 100 多年通信技术发展史上，有 9 项标志性通信技术对人类社会产生了重大影响，列举如下。

（1）摩尔斯发明有线电报。有线电报开创了人类信息交流的新纪元。

（2）马可尼发明无线电报。无线电报为人类通信技术开辟了一个崭新的领域。

（3）载波通信。载波通信的出现，改变了一条线路只能传送一路电话的局面，使一个物理介质上传送多路音频电话信号成为可能。

（4）电视。电视极大地改变了人们的生活，使传输和交流信息从单一的声音发展到实时图像。

（5）集成电路。集成电路为各种电子设备提供了高速、微小、功能强大的"心"，使人类的信息传输能力和信息处理能力达到了一个新的高度。

（6）光纤通信。光导纤维的发明，使人们寻求到了一种真正能够承担起构筑未来信息化基础设施传输平台重任的通信介质。

（7）卫星通信。卫星通信将人类带入太空通信的时代。

（8）蜂窝移动通信。蜂窝移动通信为人们提供了一种前所未有的、方便快捷的无缝通信手段。

（9）因特网。因特网的出现意味着信息时代的到来，使地球变成了一个没有距离的小村落——"地球村"。

4. 现代通信技术特点

现代通信技术具有以下特点。

（1）通信数字化

目前已经完成了由模拟通信向数字通信的转化。通信数字化可以使信息传递更为准确可靠、抗干扰性与保密性强。数字信息便于处理、存储和交换，通信设备便于集成化、固体化和小型化，适合于多种通信方式，能使通信信道达到最优化。

（2）通信容量大

现代通信的通信容量大。在各种通信系统中，光纤通信最能反映这个特点。

（3）通信网络系统化

现代通信形成了由各种通信方式组成的网络系统。通信网是由终端设备、交换设备、信息处理与转换设备及传输线路构成的。网络化的宗旨是共享功能与信息，提高信息的利用率。这些网络包括局部地区网、分布式网、远程网、分组交换网、综合业务数字网等。可以通过互联方式把各种网络连接起来，进一步扩大信息传递的范围。

（4）通信计算机化

通信技术与计算机技术的结合使通信与信息处理融为一体，表现为终端设备与计算机相结合，产生了多功能与智能化的电话机。与此同时，与计算机相结合的数字程控交换机也已推广应用。

5. 通信技术的发展趋势

现代通信技术的发展具有以下趋势：①通信站由地面向空中延展，例如，卫星通信减少了时间和地理距离对通信费用的影响；②综合业务通信网结构化，对于话音、数据和图像等各种信息媒介，在传输和交换上实现了综合的作用，例如4G网络将语音与数据业务全部承载于IP多媒体系统上；③国家经营的全国性公众通信网和企业经营的各种事务网将并行发展、相互补充；④人机通信和机器之间通信的比重正在增加；⑤立即通信和存储转发通信、即时通信和定时通信、透明通信和增值通信等方式正在被人们广泛使用。

通信技术已脱离纯技术驱动的模式，走向技术与业务相结合、互动的新模式。预计在未来的5～10年间，从市场应用和业务需求的角度看，最大和最深刻的变化将是从语音业务向数据业务的战略性转变，这种转变将深刻地影响通信技术的走向。从技术角度看，将呈现如下趋势。

（1）业务多样化

随着社会的发展，人们对通信业务种类的需求不断增加，早期的语音业务已远远不能满足这种需求。当今社会已步入信息化的时代，随着5G、SDN、TSN等技术的发展，工业、能源、车联网等垂直行业、云游戏、在线VR、远程医疗等新兴业务逐渐兴起，业务呈现多样化。

（2）网络融合化

网络融合是移动通信实现接入能力兼容并包、技术变革升级的重要途径。未来网络将具备高弹性、智慧化、内生安全的特性，进而衍生"泛在超融合"特性。网络将吸收 IT 思想，以新型网络虚拟化为核心，实现在同一架构体系下，泛在化的计算、存储、网络、安全等多维资源融合。

（3）通信传送宽带化

通信网络的宽带化是网络发展的基本特征、现实要求和必然趋势，为用户提供高速、全方位的信息服务是网络发展的重要目标。超高速路由交换、高速互联网关、超高速光传输、高速无线数据通信等新技术已成为新一代信息网络的关键技术。

（4）网络管理智能化

5G、100G PON 等技术的发展对承载网络提出了大带宽、实时性、互动性、智能流量控制、数据和网络的安全性等方面的需求。承载在网络上的业务和网络之间呈现松散耦合关系，手动配置的静态网络已经无法有效支持业务的平稳运行，迫切需要网络管理的智能化。

（5）通信网络泛在化

泛在网是指无处不在的网络，可以实现任何人或物体在任何地点、任何时间之间的通信。其服务对象不仅包括人和人，还包括物与物和人与物，且可以自动感知、按需沟通。泛在网有着较广泛的应用前景，在全地形覆盖、应急通信、远洋物资追踪等 IoT 服务、低速广播服务等应用场景上将发挥重要作用。

6. 通信技术的社会作用

通信网络是国家和现代社会的神经系统，通信产业本身又是国民经济的基础结构和先行产业。通信技术是随社会的发展和人类的需要而发展起来的；反过来，通信技术的发展又对社会的发展起着巨大的推动作用。通信技术被公认为是国民经济发展的"加速器"和社会效益的"倍增器"，现代通信技术是改变人们生活方式的"催化剂"，是信息时代和信息社会的生命线。其作用可表现为以下几个方面。

（1）通信产业对其他产业的发展具有促进作用

通信产业是任何国家发展经济的重要基础产业，通信产业的发展可以带动国民经济各部门的快速发展，从而产生巨大的经济效益。美国哈迪博士曾统计研究了 50 多个发达国家、发展中国家的电话普及率提高与其所引起的国民经济增长的关系，其结论是：如果电话普及率提高，人均国民生产总值也会随之提高。总之，通信产业对于国民经济各产业部门，如交通、能源、航空、铁道、水利、金融、广播电视等的发展有着重要的促进作用。

（2）通信发展能够缩短时间和空间的跨度，加快资金周转

通信技术可以提高各种设备的运营效率和能力。尤其在当代，经济关系的国际化、数

据交换的全球化，使国家和企业可以通过国际互联的数据通信网让资金周游世界。如美国、日本等国的某些财团利用东半球和西半球的时间差，通过通信手段调拨资金，让资金在24小时内都能充分发挥作用。

（3）通信技术的发展可以降低社会沟通成本，提升沟通效率

现代通信技术明显地缓和了交通运输的压力，大大减少了人员流动及实物流通的总量，节约能源的消耗，利用通信手段可部分代替出差、外出联系工作和信息的获取。例如，在全球新冠肺炎疫情大爆发期间，网络会议软件的下载量得到了大幅提升。

（4）通信可以实现数据库等资源的共享，为发展经济提供更多的成功机会

在信息社会里，信息不仅是资源，而且是资本、产品。通过数据通信网络与数据库相连的计算机通信终端，科研院所和大小企业能迅速得到有价值的数据资料，为科研和生产的决策服务。

（5）通信技术与计算机技术的结合，使现代战争变成了"电子信息战争"

通信技术已成为现代战争取得胜利的关键因素。1991年的海湾战争是电子信息战争的雏形。过去的战争硝烟弥漫，在战场上是以飞机、坦克为核心，通过摧毁对方的肉体和设备来战胜对方；现代的战争却悄然无声，战场上是以计算机通信技术为核心，通过摧毁敌方的"神经中枢"系统来夺取战争的胜利。现代战争是双方在通信技术和计算机技术等高科技方面的较量，谁拥有高新技术，谁就占据了主动。

（6）通信技术的发展正在改变着人类以往的生活方式

现代信息社会，人们时刻进行着频繁的信息交流。信息交流已成为人们日常生活中不可缺少的"必需品"。随着因特网的发展，上网成为人们获取和交流信息的一种重要方式，收发电子邮件、网上冲浪、下载文件、网上购物已成为人们生活的一部分，"远程教育""远程医疗"正在悄然兴起……这一切正在改变着人类的生活方式，使人们的生活更加丰富多彩。

总之，在信息社会中，人类的行为、观念和生活、学习、工作方式都将发生深刻的变化。通信作为信息社会的生命线将成为现代社会的"神经系统"。日新月异的通信技术和各种各样的通信手段与每一个人息息相关。因此，了解通信技术的形成与发展，熟悉通信的简单原理和主要应用，认识现代通信工具的特点与功能，将会对提高人们的学习、工作和生活质量产生积极的作用。

1.1.2 广义通信与狭义通信

广义上，通信是指需要信息的双方或多方，在不违背各自意愿的情况下，采用任意方法、任意媒质，将信息从某一方准确安全地传送到另一方。身体、眼神、手势、山石、树木、语言、文字、电磁波、声波和光量子等都可以用于传送信息。狭义上，通信就是信息

的传输与交换，即信息的传递，特指利用电信号和光信号作为通信信号的电通信和光通信。

信息是消息中包含的有意义的内容。通信过程中需要考虑如何传递信息、如何度量信息、将信息传递给谁以及谁来传递信息等问题。如果把信息系统分为信号传输、信息传递和信息应用 3 个层次，传统意义上的通信主要涉及信号传输和信息传递两个方面。随着通信技术的发展，物理层的信号传输、逻辑层的信息传递和系统层的信息应用之间的联系越来越紧密。常见的通信系统框图如图 1-4 所示。

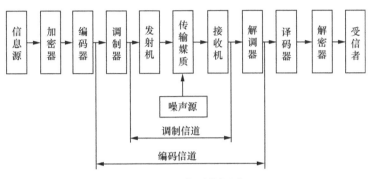

图 1-4　通信系统框图

信息由消息表示，消息经过编码器、调制器、发射机等通信设备变换为信号，信号通过传输媒质到达接收端，再经过接收机、解调器、译码器等通信设备反变换，解出信息。信号的传输媒质称为狭义信道。如果除传输媒质外，还包括通信系统的某些设备，如天线、收发信机、编译码器、调制解调器等，则这些设备所构成的部分称为广义信道。由调制器、传输媒质、解调器组成的广义信道称为编码信道；由发射机、发射天线、传输媒质、接收天线、接收机所组成的广义信道称为调制信道。

1.1.3　消息、信息与信号通信系统模型

消息（Message）在不同的地方有不同的含义。通常消息是指通信系统传输的对象，它是信息的载体，形式非常丰富，如语音、图片、文字、符号、数据等。消息可以分为两大类：连续消息和离散消息，连续消息是指消息的状态连续变化或不可数，如语音、温度数据、图像等，离散消息则是指消息具有可数的有限个状态，例如符号、文字、数字数据等。

信息（Information）是消息中所包含的有效内容。信息与消息的关系可以这样理解：消息是信息的物理表现形式，而信息是消息的内涵。例如"播报天气"，语音是天气预报的表现形式，而天气情况是语音的内涵。在信息社会中，信息已成为最宝贵的资源之一，如何有效而可靠地传输信息是通信行业要研究的主要内容。

信号（Signal）是消息的传输载体（或表示形式）。在电信系统中，传输的是电信号。为了将各种消息（如一幅图片）通过线路传输，必须首先将消息转变成电信号（如电压、

电流等），也就是把消息载荷在电信号的某个参量（如正弦波的幅度、频率或相位；脉冲波的幅度、宽度或相位）上。由于消息可以分为两大类，所以信号也相应分为两大类：模拟信号和数字信号。消息、信息、信号三者间的关系如图 1-5 所示。

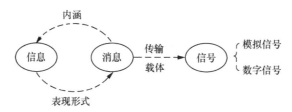

图 1-5　消息、信息、信号三者间关系示意

模拟信号（Analog signal）——载荷消息的信号参量取值是连续（不可数、无穷多）的，如电话机送出的语音信号，其电压瞬时值是随时间连续变化的。模拟信号有时也称连续信号，这里连续的含义是指信号载荷的消息的参量连续变化，在某一取值范围内可以取无穷多个值，而不一定在时间上也连续，如图 1-6（b）所示的抽样信号。

数字信号（Digital signal）——载荷消息的信号参量只有有限个取值，如电报机、计算机输出的信号，最典型的数字信号是只有两种取值的信号，如图 1-7 所示。图中码元表示一个符号（数字或字符等）的电波形，它占用一定的时间和带宽。

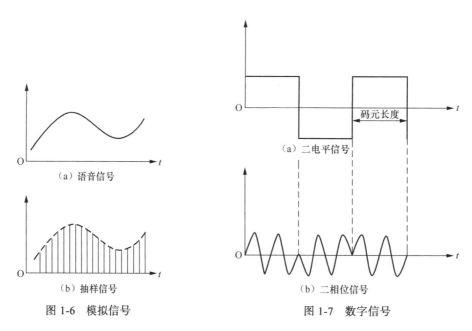

图 1-6　模拟信号　　　　　　　　图 1-7　数字信号

消息与电信号之间的转换通常由各种传感器来实现。例如，话筒（声音传感器）把声波转变成音频电信号；摄像机（图像传感器）把图像转变成视频电信号；热敏电阻（温度传感器）把温度转变成电信号等。

通信系统就是完成传递信息任务所需要的一切技术设备和传输媒介所构成的总体。现代通信系统主要借助电磁波在自由空间的传播或在导引媒体中的传输来实现,前者称为无线通信系统,后者称为有线通信系统。当电磁波的波长达到光波范围时,这样的电信系统称为光通信系统,其他电磁波波长范围的通信系统则称为电磁通信系统,简称为电信系统。由于光的导引媒体采用特制的玻璃纤维,因此有线光通信系统又称光纤通信系统。一般电磁波的导引媒体是导线,按其具体结构可分为电缆通信系统和明线通信系统;无线通信系统按其电磁波的波长则有微波通信系统与短波通信系统之分。另一方面,按照通信业务的不同,通信系统又可分为电话通信系统、数据通信系统、传真通信系统和图像通信系统等。由于人们对通信的容量要求越来越高,对通信的业务要求越来越多样化,所以通信系统正迅速向着宽带化方向发展,而光纤通信系统因其传输带宽的优势,在通信网中发挥着越来越重要的作用。通信系统由信源(发端设备)、信宿(收端设备)和信道(传输媒介)三要素组成,如图1-8所示。

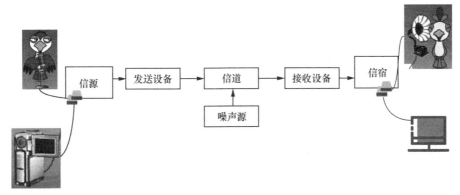

图 1-8　通信系统的一般组成

来自信源的消息(语言、文字、图像或数据等)在发信端先由末端设备(如电话机、电传打字机、传真机或数据末端设备等)变换成电信号,然后经发端设备编码、调制、放大和发射后,把基带信号变换成适合在传输媒介中传输的形式,经传输媒介传输,在收信端经收端设备进行反变换,恢复成消息提供给收信者。这种点对点的通信大都是双向传输的。因此,在通信对象所在的两端均备有发端和收端设备。

1.2　通信网的基本概念

1.2.1　通信网的概念、构成要素及功能

1. 通信网的概念

通信网是由一定数量的节点和连接这些节点的链路组合在一起,按约定的信令或协议

完成任意用户间的信息交换的通信体系，是一种将地理上分散的用户终端设备连接起来，实现通信和信息交换的系统。在这里，节点就是交换局，链路就是传输系统，端点就是用户终端。在物理上，完善的通信网则是由交换网、传输网（包括接入网）和终端设备以及支撑系统组成的。交换网和传输网是通信网的基础网络，而支撑系统则是通信网的辅助网络，它包括信令网、同步网、智能网和电信管理网。

通信网是在通信系统的基础上发展起来的。传统的通信系统是传输系统与终端设备的总和，而通信网则是传统的通信系统和交换系统及相关的规程（信令、协议）的总和。随着技术的发展，现在的公众通信系统不再是点到点的简单通信系统，通信系统与通信网络的概念难以明确地区分开来，因而人们常常不加区别地混用。例如，3G 技术中 WCDMA 和 cdma 2000 移动通信系统本身都是一种通信网，但人们却称它们为通信系统。所以，如无必要，通常不必严格区分通信系统与通信网。

2. 通信网的种类和拓扑结构

通信网种类繁多，下面列举常用的几种。

按业务可分为：电话网、电报网、传真网、数据网、CATV 网、ISDN 网和 IP 网等。

按信号形式可分为：模拟网、数据网和混合网。

按网络用途可分为：传输网、交换网和支撑网。

按终端的移动性分为：固定网和移动网。

按服务范围可分为：本地网、长途网和国际网。

按网络层次可分为：骨干网、接入网和用户网。

按传输媒介可分为：有线网和无线网。

按服务对象可分为：公用网和专用网。

按网络拓扑可分为：网状网、星形网、复合网/树形网、蜂窝网，环形网、总线网和链形网。通信网的拓扑结构如图 1-9 所示。

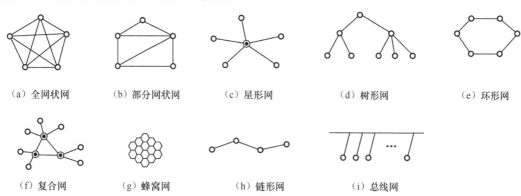

（a）全网状网 （b）部分网状网 （c）星形网 （d）树形网 （e）环形网

（f）复合网 （g）蜂窝网 （h）链形网 （i）总线网

图 1-9　通信网的网络拓扑结构

图 1-9 中，圆点为网络节点，节点之间的连线为链路。在全网状网中，传输链路的冗余度最大，因而网络的可靠性最好，但链路利用率低，网络的经济性差，因此全网状网仅用于对可靠性要求特别高的场合。在星形网中，用户之间的呼叫均通过交换中心进行，它可用于组成范围很大的网络，其可靠性比全网状网低，但其经济性相比于全网状网则能获得很大的改善。复合网是在星形网的基础上发展起来的。在用户较为密集的地区，分别设置交换中心，形成各自的星形网，然后将各交换中心以全连接的方式或部分连接的方式互联组成复合网。复合网的规模不断扩大，最终可实现覆盖一个地区、一个国家乃至全球。树形网目前广泛用于有线电视分配网和某些专网（如军网等）。蜂窝网用于蜂窝移动通信系统。环形网和总线网则多用于计算机通信网。链形网常用于专网，也用于中继站有上下话路的微波中继通信网。

3. 通信网的构成要素

一个完整的通信网由硬件设施和软件设施两大部分组成。

软件设施包括信令、协议、控制、管理、计费等，它们主要完成通信网的控制、管理、运营和维护功能，实现通信网的智能化。

硬件设施由终端节点、交换节点、业务节点和传输系统等构成，它们完成通信网的基本功能：接入、交换和传输。

（1）终端节点

最常见的终端节点有模拟电话机、数字移动电话机、传真机、PC（个人计算机）。终端节点的功能如下。

① 将待传送的信息和传输链路上的信息进行相互转换。

② 将信号与传输链路相匹配。

③ 用户信息的处理：主要包括用户信息的发送和接收，将用户信息转换成适合传输系统传输的信号以及进行相应的反变换。

④ 信令信息的处理：主要包括产生和识别连接建立、业务管理等所需的控制信息。

（2）交换节点

交换节点是通信网的核心设备。最常见的交换节点有电话交换机、分组交换机、路由器、转发器等。交换节点负责集中、转发终端节点产生的用户信息，但它自己并不产生和使用这些信息。交换节点主要功能如下。

① 用户业务的集中和接入功能，通常由各类用户接口和中继接口组成。

② 交换功能，通常由交换矩阵完成任意入线到出线的数据交换。

③ 信令功能，负责呼叫控制和连接的建立、监视、释放等。

④ 其他控制功能，路由信息的更新和维护、计费、话务统计、维护管理等。

（3）业务节点

最常见的业务节点有智能网中的业务控制节点（Service Control Point，SCP）、智能外设、语音信箱系统，以及 Internet 上的各种信息服务器等。它们通常由连接到通信网络边缘的计算机系统、数据库系统组成。业务节点主要功能如下。

① 实现独立于交换节点的业务的执行和控制。

② 实现对交换节点呼叫建立的控制。

③ 存放并执行业务逻辑和业务数据，向用户提供各种服务。

（4）传输系统

传输系统为信息的传输提供传输信道，并将网络节点连接在一起。

常用的传输设备：SDH/MSTP 设备、PTN 设备、OTN 交叉设备、PON 传输网元（OLT、POS、ONU）、数字配线架（DDF）、光纤配线架（ODF）等。

其硬件组成包括线路接口设备、传输媒介、交叉连接设备等。

设计传输系统主要考虑如何提高物理线路的使用效率，因此传输系统通常都采用多路复用技术，如 FDM（频分复用）、TDM（时分复用）、WDM（波分复用）等。

（5）其余设备

软交换机：完成各种呼叫流程的控制，并负责响应业务处理信息的传送。

核心分组网：为业务媒体流和控制信息流提供统一的、保证 QoS 的高速分组传送平台。

信令网关：实现软交换设备与信令网的互通。

中继媒体网关：完成中继线路传送媒体格式的转换和互通操作。

接入媒体网关：负责模拟用户接入、移动通信用户接入的媒体转换。

综合接入设备：完成终端用户的语音、数据、图像等业务的综合接入。

（6）信令和协议

从通信网的硬件设备来看，有了终端、传输系统和交换设备，就能接通两个用户了，但是为了保证通信的正常进行，通信双方必须遵守共同的行为准则，即信令或协议。信令和协议是网络本身的"对话"语言。"信令"一词多用于电信网，如公共交换电话网（PSTN）、GSM、WCDMA、LTE、5G NR 等，它们通常采用各自标准化的信令系统，而"协议"多用于计算机通信网，主要使用的协议是 TCP/IP。

信令、协议的要素包括语法、语义和定时。语法规定通信双方"如何讲"，即确定数据格式、数据码型、信号电平等；语义规定通信双方"讲什么"，即通信双方要发出什么控制信息、执行什么动作和返回什么应答等；定时则规定事件执行的顺序，即确定链路通信过程中通信状态的变化，如规定正确的应答关系等。

可见，信令、协议能协调网络的运转，使之达到互通、互控的目标。

4．通信网的作用

（1）用户使用通信网可以克服空间、时间等阻隔来进行有效的信息交换。

（2）通信网上任意两个用户间、设备间或一个用户和一个设备间均可进行信息的交换。

交换的信息包括用户信息（如语音、数据、图像等）、控制信息（如信令信息、路由信息等）和网络管理信息3类。

1.2.2　通信网的分层结构

1．网络体系结构定义

网络体系结构是一套顶层的设计准则，这套准则是用来指导网络的技术设计，特别是协议和算法的工程设计。它包括两个层次：网络的构建原则和功能分解与系统的模块化，其中，前者确定网络的基本框架，后者指出实现网络体系结构的方法。具体而言，网络体系结构实现的功能包括以下方面。

（1）网络状态的维护和转移。

（2）网络中的实体命名规则。

（3）协调处理命名、寻址和路由等功能之间的关系。

（4）通信功能的模块化划分。

（5）信息流之间的网络资源分配，网络终端系统与这种"分配"法则的相互作用，公平性和拥塞控制的实现。

（6）网络安全的实现和保证。

（7）网络管理功能的设计与实现。

（8）不同QoS的实现方法。

2．网络总体结构

网络的总体结构如图1-10所示。

接入网：用户终端接入网络的各种接入方式的总称。

传送网：包括省级干线、省内干线、城域骨干传送网及同步网。

IP承载网：IP骨干网和IP城域网。

核心网：承载于传送网和IP承载网之上，为业务提供承载和控制的网络。

业务网：承载于核心网之上，为用户提供业务接入和业务管理的网络。

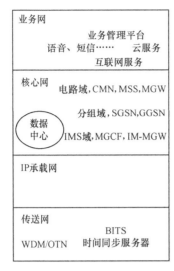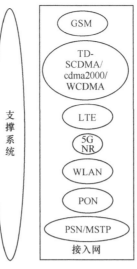

图 1-10　网络总体结构

本章小结

本章详细梳理了通信的发展史，从广义与狭义两个角度介绍了通信系统的概念，并对通信系统中消息、信息、信号三者间的联系与区别进行了介绍。另外，本章也详细介绍了通信网的概念、种类、拓扑结构、构成要素、作用以及分层结构。

本章习题

1. 美国人莫尔斯于（　　　）年成功地研制出世界上第一台电磁式电报机？

A. 1822　　　　　　　B. 1836　　　　　　　C. 1837　　　　　　　D. 1844

2.（　　　）目前广泛用于有线电视网和某些专网（如军网等）？

A. 复合网　　　　　　B. 树形网　　　　　　C. 星形网　　　　　　D. 蜂窝网

3. 通信网的硬件即构成通信网的设备，由（　　　）构成？

A. 终端节点　　　　　B. 交换节点　　　　　C. 业务节点　　　　　D. 传输系统

4. 国际标准化组织（ISO）在 1979 年提出了开放系统互连参考模型（Open System Interconnection Reference Model，OSI/RM），分为哪 7 层？

5. 网络采用分层结构有哪些好处？

6. 通信系统一般由哪些要素组成？

第2章

通信系统构成

▶ 学习目标

掌握模拟和数字通信系统模型；了解通信系统的通信方式；熟练运用信息度量公式；了解通信系统的有效性以及可靠性评价方法。

▶ 本章知识点

（1）通信系统模型介绍

（2）通信系统的分类以及通信方式

（3）信息的概念及度量方法

（4）通信系统的有效性以及可靠性评价方法

▶ 内容导学

通信系统是人与人、人与物、乃至物与物之间交换信息的最重要的方式。

在学习本章内容时，应重点关注以下内容。

（1）掌握通信系统模型

通信系统由信源、发送设备、信道、接收设备以及信宿组成。按照传输信号的特征分类，通信系统可分为模拟通信系统和数字通信系统。模拟通信系统是利用模拟信号来传递信息的通信系统，通过调制解调器将基带信号变换成适合在信道中传输的信号，并在接收端进行反变换。数字通信系统是利用数字信号来传递信息的通信系统，数字通信系统还涉及信源以及信道的编码与译码、数字信号调制与解调、同步以及加密与解密等技术。

（2）了解通信系统的通信方式

按照消息传送的方向与时间关系，通信方式可以分为单工通信、半双工通信和全双工通信。单工通信是指消息只能单向传输的工作方式；半双工通信是指通信双方都能够收发消息，但收发双方不能同时工作，通常收发过程可以使用同一条信道；全双工通信是指收发双方可同时进行双向消息传输的工作方式。

按信息代码排列的方式不同，可以分为并行传输和串行传输。并行传输是将代表信息的数字信号码元序列以分组的方式在两条或两条以上的并行信道上同时传输；串行传输是将数字信号码元序列以串行方式，一个码元接一个码元地在一条信道上传输。

（3）熟练运用信息度量公式

消息中所含的信息量是出现该消息所描述事件发生概率 $P(x)$ 的函数，即

$$I = I[P(x)]$$

等概率出现的离散消息对的信息度量如下。

假设 M 种符号等概率（$P=1/M$）发送，每次发送 M 种符号之一，则每个符号或消息包含的信息量为

$$I = \log_2 \frac{1}{P} = \log_2 \frac{1}{1/M} = \log_2 M (\text{bit})$$

消息出现概率不相等的情况时的信息度量如下。

假设离散信源发出的消息是一个由 M 种不同符号组成的集合，其中每个符号 $x_i (i = 1, 2, 3, \cdots, M)$ 按一定的概率 $P(X_i)$ 独立地出现，即

$$\begin{bmatrix} x_1, & x_2, & \cdots, & x_M \\ P(x_1), & P(x_2), & \cdots, & P(x_M) \end{bmatrix}, \text{ 且} \sum_{i=1}^{M} P(x_i) = 1$$

于是，每个符号所含信息量的统计平均值，即为平均信息量。

$$H(x) = P(x_1)[-\log_2 P(x_1)] + P(x_2)[-\log_2 P(x_2)]$$
$$+ \cdots P(x_M)[-\log_2 P(x_M)] = \sum_{i=1}^{M} P(x_i)[-\log_2 P(x_i)]$$

（4）了解通信系统的有效性、可靠性等性能指标

模拟通信系统的有效性可以用有效频带来度量，对同样的信源信号采用不同的调制方式，信号占据的频带宽度不同，所需的传输带宽越小，则频带利用率越高，有效性越好。模拟通信系统的可靠性通常用接收端输出信号与噪声比来度量，它反映了信号经传输后的"保真"程度和抗噪声能力。

数字通信系统的有效性指标有传输速率和频带利用率，传输速率越高，频带利用率越高，则有效性越好。数字通信系统的可靠性用差错概率来衡量，差错概率越小，则可靠性越高。

2.1 通信系统模型

2.1.1 通信系统的一般模型

通信的目标为传输信息，通信系统的作用就是将信息从信源发送到一个或多个信宿。对于电通信来说，首先要把消息转变成电信号，然后经过发送设备，将信号送入信道，在接收端利用接收设备对接收信号进行相应的处理后，送给信宿再转换为原来的消息。这一过程可用图 2-1 所示的通信系统一般模型来概括。

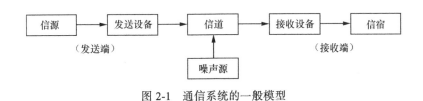

图 2-1 通信系统的一般模型

图 2-1 中各部分的功能简述如下。

1. 信源

信源的作用是把各种消息转换成原始电信号。根据消息的种类不同，信源可分为模拟信源和数字信源。模拟信源输出连续的模拟信号，如话筒（声音→音频信号）、摄像机（图像→视频信号）。数字信源则输出离散数字信号，如电传机（键盘字符→数字信号）、计算机等各种数字终端。然而，模拟信源送出的信号经数字化处理后也可转变成数字信号。

2. 发送设备

发送设备的作用是产生适于在信道中传输的信号，使发送信号的特性和信道特性相匹配，具有抗信道干扰的能力，并且具有足够的功率以满足远距离传输的需要。因此，发送设备涵盖的内容很多，可能包含变换、放大、滤波、编码、调制等过程。对于多路传输系统，发送设备中还包括多路复用器。

3. 信道

信道是一种物理媒质，用于将来自发送设备的信号传送到接收端。在无线信道中，信道可以是自由空间；在有线信道中，信道可以是电缆和光纤等。有线信道和无线信道均有多种物理媒质。信道既给信号提供通路，也会对信号产生各种干扰和噪声。信道的固有特性及引入的干扰与噪声直接关系到通信的质量。

图 2-1 中的噪声源是信道中的噪声及分散在通信系统其他各处的噪声的集中表示。噪声通常是随机的、形式多样的，它的出现干扰了正常信号的传输。

4. 接收设备

接收设备的功能是将信号放大和反变换（如译码、解调等），其目的是从受到减损的接收信号中正确恢复出原始电信号。对于多路复用信号，接收设备中还包括解复用，实现正确分路的功能。此外，它还要尽可能减小噪声与干扰在传输过程中所带来的影响。

5. 信宿

信宿是传送消息的目的地，其功能与信源相反，即把原始电信号还原成相应的消息，如扬声器等。

图 2-1 概括地描述了一个通信系统的组成，反映了通信系统的共性。根据研究对象以及所关注问题的不同，图 2-1 中的各方框的内容和作用将有所不同，因而相应有不同形式的、更具体的通信模型。

通常，按照信道中传输的是模拟信号还是数字信号，通信系统可相应地分为模拟通信系统和数字通信系统。

2.1.2 模拟通信系统模型

模拟通信系统是利用模拟信号来传递信息的通信系统，典型的模拟通信系统有中波/短波无线电广播、模拟电视广播、调频立体声广播和模拟移动通信系统等。虽然目前的通信技术是以数字通信为主，但在实际应用中还存在着一些模拟通信系统，而且模拟通信是数字通信的基础。模拟通信系统的模型如图 2-2 所示，其中包含两种重要变换。第一种变换是，在发送端把连续消息变换成原始电信号，在接收端进行相反的变换。这种变换、反变换由信源和信宿来完成。这里所说的原始电信号通常称为基带信号，基带的含义是基本频带，即从信源发出或送达信宿的信号的频带，它的频谱通常从零频附近开始，如语音信号的频率范围为 $300\sim3\,400\,Hz$，图像信号的频率范围为 $0\sim6\,MHz$。有些信道可以直接传输基带信号，而以自由空间作为信道的无线传输却无法直接传输这些信号。因此，模拟通信系统中常常需要进行第二种变换，即把基带信号变换成适合在信道中传输的信号，并在接收端进行反变换。完成这种变换和反变换的通常是调制器和解调器。经过调制以后的信号称为已调信号，它有两个基本的特征：一是携带有信息；二是其频谱通常具有带通形式，因而又称带通信号。

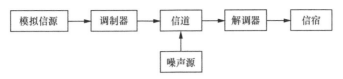

图 2-2　模拟通信系统模型

　　调制器是模拟通信系统的核心组成部分，它对于通信系统的性能具有重要影响。模拟调制时，通常利用调制信号来控制载波的振幅、频率或相位，以便于信号传输。如在中波无线电广播中，载波的振幅就跟随音频节目信号的电平的变化而变化，收音机从接收到的中波信号中检测出这种幅度的变化就能够重现音频信号。在多数模拟调制无线通信系统中，调制一般在中频进行，调制之后产生的已调信号还需经过混频、放大实现上变频，将信号搬移到射频后经过天线发射出去。接收端将从信道中接收到的信号进行混频、放大实现下变频，在中频进行信号的解调。应该指出，除了完成上述两种变换的部件外，实际通信系统中可能还有滤波器、放大器、天线等部件。由于上述两种变换起主要作用，而其他过程不会使信号发生质的变化，只是对信号进行放大和改善信号特性等，所以在通信系统模型中，一般对其他过程不进行讨论。

2.1.3　数字通信系统模型

　　数字通信系统是利用数字信号来传递信息的通信系统，如图 2-3 所示。数字通信涉及的技术问题很多，主要有信源编码与译码、信道编码与译码、数字调制与解调、同步以及加密与解密等。

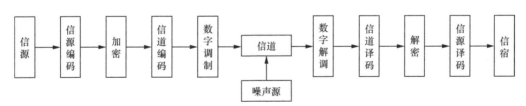

图 2-3　数字通信系统模型

1. 信源编码与译码

　　信源编码（Source Coding）有两个基本功能：一是提高信息传输的有效性，即通过某种压缩编码技术设法减少码元数目以降低码元速率。二是完成模/数（A/D）转换，即当信息源给出的是模拟信号时，信源编码器将其转换成数字信号，以实现模拟信号的数字传输。信源译码是信源编码的逆过程。

2. 信道编码与译码

信道编码（Channel Coding）的作用是进行差错控制。数字信号在传输过程中会受到噪声等影响而产生差错。为了减小差错，信道编码器对传输的信息码元按一定的规则加入保护成分（监督码元），组成所谓"抗干扰编码"。接收端的信道译码器按相应的逆规则进行解码，从中发现错误或纠正错误，提高通信系统的可靠性。

3. 加密与解密

在需要实现保密通信的场合，为了保证所传输信息的安全，人为地将被传输的数字序列扰乱，这种处理过程叫加密（encryption）。在接收端利用与发送端处理过程相反的过程对收到的数字序列进行解密（decryption），恢复原来的信息。

4. 数字调制与解调

数字调制是把数字基带信号的频谱搬移到高频处，形成适合在信道中传输的带通信号。基本的数字调制方式有幅移键控（Amplitude Shift Keying, ASK）、频移键控（Frequency Shift Keying, FSK）、相移键控（Phase Shift Keying, PSK）、差分相移键控（Differential Phase Shift Keying, DPSK）。在接收端可以采用相干解调或非相干解调将带通信号还原成数字基带信号。

5. 同步

同步（Synchronization）是使收发两端的信号在时间上保持步调一致，是保证数字通信系统有序、准确、可靠工作的前提条件。按照同步的功用不同，同步可分为载波同步、位同步、群（帧）同步和网同步。

需要说明的是，同步单元也是系统的组成部分，但在图 2-3 中未画出。图 2-3 所示是数字通信系统的一般化模型。实际的数字通信系统不一定包括图中的所有环节，例如数字基带传输系统中，无须调制和解调。

此外，模拟信号经过数字编码后可以在数字通信系统中传输，数字电话系统就是以数字方式传输模拟语音信号的例子。当然，数字信号也可以通过传统的电话网来传输，但需使用调制解调器（Modem）。

2.1.4 数字通信的特点

目前，数字通信已成为当代通信技术的主流。与模拟通信相比，数字通信具有以下一些优点。

（1）抗干扰能力强，且不积累噪声。数字通信系统中传输的是离散取值的数字波形，接收端的目标不是精确地还原被传输的波形，而是从受到噪声干扰的信号中判决出发送端发送的是哪一个波形。以二进制为例，信号的取值只有两个，这时要求在接收端能正确判决发送的是两个状态中的哪一个即可。在远距离传输时，如微波中继通信，各中继站可利用数字通信特有的抽样、判决、再生的接收方式，使数字信号再生且不积累噪声。模拟通信系统中传输的是连续变化的模拟信号，它要求接收机能够高度保真地重现原信号波形，一旦信号叠加上噪声，即使噪声很小，也很难消除它。

（2）传输差错可控。在数字通信系统中，可通过信道编码技术进行检错与纠错，降低误码率，提高传输质量。

（3）便于用现代数字信号处理技术对数字信息进行处理、变换、存储。这种数字处理的灵活性表现为可以将来自不同信源的信号叠加到一起传输。

（4）易于集成，使通信设备微型化，重量减轻。

（5）易于加密处理，且保密性好。

（6）可传输各类综合消息。

数字通信的缺点是，可能需要较大的传输带宽，占用信道频带较宽，信道利用率低。以电话为例，一路模拟电话通常只占据 4 kHz 带宽，但一路接近同样语音质量的二进制数字电话可能要占据 20～60 kHz 的带宽。数字通信中，要准确地恢复信号，接收端需要严格的同步系统，以保持收端和发端严格的节拍一致、编组一致。因此，数字通信系统及设备一般都比较复杂，体积较大。但是，随着微电子技术、计算机技术的广泛应用以及超大规模集成电路的出现，数字系统的设备复杂程度大大降低。同时高效的数据压缩技术，光纤、毫米波等大容量传输媒质的使用使数字通信系统的带宽占用问题得以解决。

2.2 通信系统分类与通信方式

2.2.1 通信系统的分类

1. 按照通信的业务和用途分类

按照通信的业务和用途分类，通信系统可以分为控制通信和常规通信。其中，控制通信主要包括遥测、遥控等，如卫星测控、导弹测控和遥控指令通信等都是属于控制通信。常规通信又分为话务通信和非话务通信。话务通信主要是以语音业务为主，例如数字程控电话交换网络的主要目标就是为普通用户提供语音通信服务。非话务通信主要是指分组数据业务、计算机通信、传真和视频通信等。话务通信和非话务通信有着各自的特点。

语音业务传输具有 3 个特点。第一，人耳对传输时延十分敏感，如果传输时延超过 100 ms，通信双方会有明显的"反应迟钝"感觉；第二，要求通信传输时延、抖动尽可能小，因为时延、抖动可能会造成语音音调的变化，使得接听者感觉对方声音"变调"，甚至不能通过声音分辨出对方；第三，对传输过程中出现的偶然差错并不敏感，传输中的偶然差错只会造成瞬间语音的失真，但不会对接听者的语义理解造成大的影响。

在非话务通信中，对于数据业务，通常更关注数据传输的可靠性，而对实时性业务的要求则视具体情况而定。对于视频业务，对传输时延的要求与话务通信相当，但是视频业务的数据量要比话务大得多，如语音信号 PCM 编码的信息传输速率为 64 kbit/s，而 MPEG-2（Moving Picture Experts Group 2）压缩视频的信息传输速率为 2～8 Mbit/s。

2. 按调制方式分类

按照是否具有调制过程，可以将通信系统分为基带传输系统和频带传输系统。基带传输是将未经调制的信号经过基带处理直接在信道中传输，如音频市内电话（用户线上传输的信号）、以太网中传输的信号等。调制是将信号变换成适合信道传输的形式后传送，目的是便于信息的传送、提高通信系统的传输性能。接收端通过解调恢复出原始信息。

常用的调制方式及其一般用途如表 2-1 所示。在实际系统中，有时会采用不同的调制方式进行多级调制。如在调频立体声广播中，对语音信号首先采用抑制载波的双边带调制（Double Side Band with Suppressed Carrier，DSB-SC）进行副载波调制，然后再进行调频。

表 2-1　常用的调制方式及其一般用途

调制方式			一般用途
连续波调制	模拟调制	常规双边带调幅（AM）	中波广播、短波广播
		抑制载波双边带调制（DSB-SC）	调频立体声广播的中间调制方式
		单边带调制（SSB）	载波通信、无线电台
		残留边带调制（VSB）	电视广播、数传、传真
		频率调制（FM）	调频广播、移动通信、卫星通信
		相位调制（PM）	中间调制方式
	数字调制	幅度键控（ASK）	数据传输
		频率键控（FSK）	数据传输
		相位键控（PSK、DPSK 等）	数字微波、空间通信、移动通信、卫星导航

调制方式			一般用途
连续波调制	数字调制	其他数字调制（QAM、CPM、MSK、GMSK、高阶调制等）	数字微波中继、空间通信、移动通信
脉冲调制	脉冲模拟调制	脉幅调制（PAM）	中间调制方式、数字用户线线路码
		脉宽调制（PDM 或 PWM）	中间调制方式
		脉位调制（PPM）	遥测、光纤传输
	脉冲数字调制	脉码调制（PCM）	语音编码、程控数字交换、卫星、空间通信
		增量调制（ΔM、CVSD 等）	军用、民用语音压缩编码
		差分脉码调制（DPCM）	语音、图像压缩编码
		其他语音编码方式（ADPCM 等）	中低速率语音压缩编码

3. 按传输信号的特征分类

按照所传输的信号是模拟信号还是数字信号，可以把通信系统分成模拟通信系统和数字通信系统。数字通信系统在最近几十年获得了快速发展，也是目前商用通信系统的主流类型。

4. 按传输媒介分类

按传输媒介（信道）的不同，通信系统可以分为有线（包括光纤）通信和无线通信两大类。有线信道包括明线、双绞线、同轴电缆、光缆等。使用明线作为传输媒介的通信系统主要有早期的载波电话系统，使用双绞线传输的通信系统主要有电话系统、计算机局域网等，同轴电缆在微波通信、程控交换等系统以及设备内部和天线馈线中经常使用。光缆主要用于光纤通信系统。无线通信依靠电磁波在空间传播达到传递信息的目的，用于短波电离层传播、微波视距传输、移动蜂窝通信等。

5. 按传送信号的复用和多址方式分类

复用是指多路信号利用同一个信道进行独立的传输。传送多路信号目前常用的复用方式有 4 种，即频分复用（Frequency Division Multiplexing，FDM）、时分复用（Time Division Multiplexing，TDM）、码分复用（Code Division Multiplexing，CDM）和波分复用（Wave Division Multiplexing，WDM）。FDM 采用频谱搬移的办法使多路信号分别占据不同的频带，时分复用使多路信号分别占据不同的时隙，码分复用采用一组正交的脉冲序列分别对应不同路的信号，波分复用则使多路信号分别占用不同的波段。波分复用通常在光纤通信中使用，可以在一条光纤内同时传输多个波长的光信号，从而成倍提高光纤的传输容量。随着通信技术的发展，空分复用（如多天线技术）也得到越来越广泛的应用，轨道角动量（Orbital Angular Momentum，OAM）模态复用等新的复用方式也取得了重要研究进展。

多址是指在多用户通信系统中区分多个用户的方式。如在移动通信系统中，无线基站同时为多个移动用户提供通信服务，需要采取某种方式区分各个通信的用户。常用的多址方式可为频分多址（Frequency Division Multiple Access，FDMA）、时分多址（Time Division Multiple Access，TDMA）、码分多址（Code Division Multiple Access，CDMA）、空分多址（Space Division Multiple Access，SDMA）和随机多址等。

6. 按工作频段分类

按照通信设备的工作频段或波段的不同，通信系统可以分为极低频通信、甚低频通信、低频通信、中频通信、高频（短波）通信、甚高频通信、特高频通信、超高频通信、极高频通信和光通信等。表 2-2 列出了国际电信联盟（ITU）颁布的无线电频谱分布以及各频段的主要用途。

表 2-2　ITU 频段划分及其主要用途

频率范围	波长	名称	传输媒介	主要用途
0.003～3 kHz	10^8～10^5 m	极低频（ELF）	有线线对 长波无线电	音频电话、数据终端、远程导航、水下通信、对潜通信
3～30 kHz	10^5～10^4 m	甚低频（VLF）	有线线对 长波无线电	远程导航、水下通信、声呐
30～300 kHz	10^4～10^3 m	低频（LF）	有线线对 长波无线电	导航、信标、电力线通信
0.3～3 MHz	10^3～100 m	中频（MF）	同轴电缆 短波无线电	调幅广播、移动陆地通信、业余无线电
3～30 MHz	100～10m	高频（HF）	同轴电缆 短波无线电	移动无线电话、短波广播定点军用通信、业余无线电
30～300 MHz	10～1m	甚高频（VHF）	同轴电缆 米波无线电	电视、调频广播、空中管制、车辆、通信、导航、寻呼
0.3～3 GHz	100～10cm	特高频（UHF）	波导 分米波无线电	微波接力、卫星和空间通信、雷达、移动通信、卫星导航
3～30 GHz	10～1cm	超高频（SHF）	波导 厘米波无线电	微波接力、卫星和空间通信、雷达
30～300 GHz	10～1 mm	极高频（EHF）	波导 毫米波无线电	雷达、微波接力
10^5～10^7 GHz	$3×10^{-4}$～$3×10^{-6}$ cm	可见光，红外线，紫外线	光纤 空间传播	光纤通信 无线光通信

工作载波的波长与频率的换算公式为

$$\lambda = \frac{c}{f} \qquad (2-1)$$

式中，λ 为工作波长（m），f 为工作频率（Hz），c 为光速（m/s）。

对于 1 GHz 以上的频段，采用 10 倍频程进行划分太粗略，国际电气与电子工程师协会（IEEE）颁布了新的频段划分方法，表 2-3 给出了 IEEE 频段划分及其典型应用。我国通信与雷达领域的工作人员习惯使用这种表示方法。

表 2-3　IEEE 频段划分及其典型应用

频率范围	名称	典型应用
3～30 MHz	HF	移动无线电话、短波广播定点军用通信、业余无线电
30～300 MHz	VHF	调频广播、模拟电视广播、寻呼、无线电导航、超短波电台
0.3～1.0 GHz	UHF	移动通信、对讲机、卫星通信、微波链路、无线电导航、雷达
1.0～2.0 GHz	L	移动通信、定位、雷达、微波中继链路、无线电导航、卫星通信
2.0～4.0 GHz	S	移动通信、无线局域网、航天测控、微波中继、卫星通信
4.0～8.0 GHz	C	微波中继、卫星通信、无线局域网
8.0～12.5 GHz	X	微波中继、卫星通信、雷达
12.5～18.0 GHz	Ku	微波中继、卫星通信、雷达
18.0～26.5 GHz	K	微波中继、卫星通信、雷达
26.5～40.0 GHz	Ka	微波中继、卫星通信、雷达
40.0～60.0 GHz	F	
60.0～90.0 GHz	E	
90.0～140.0 GHz	V	

7. 按频带利用方式分类

按频带利用方式的不同，通信系统可分为定频窄带通信系统、跳频通信系统和扩频通信系统等。跳频通信与扩频通信具有较强的抗干扰能力，是军事通信中常用的抗干扰通信手段。跳频通信系统是指收发双方按照伪随机的规律快速改变发射和接收频率以躲避敌方干扰的无线通信系统。扩频通信系统是用速率比信息码率高得多的伪随机扩频码改造发射信号，使发射信号的频谱大大展宽，在接收端经过相应的解扩处理恢复原始信息，同时抑制干扰信号的通信系统。

2.2.2　通信方式

通信方式是指通信双方之间的工作方式或信号传输方式。

1. 单工通信、半双工通信和全双工通信

按照消息传送的方向与时间关系，通信方式可以分为单工通信、半双工通信和全双工通信，如图 2-4 所示。

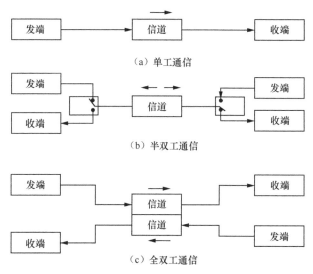

图 2-4　单工、半双工和全双工通信方式示意

（1）单工通信，是指消息只能单向传输的工作方式，广播、遥控、遥测和无线寻呼等都是单工通信的例子。

（2）半双工通信，是指通信双方都能够收发消息，但收发不能同时工作，通常收发过程可以使用同一条信道。例如，使用同一载频的对讲机就是工作在半双工通信方式。

（3）全双工通信，是指收发双方可同时进行双向消息传输的工作方式。全双工通信一般需要双向信道。手机的语音通信就是典型的双工通信方式，使用者可以同时说和听。

2. 并行传输和串行传输

按信息代码排列的方式不同，通信方式可以分为并行传输方式和串行传输方式。

（1）并行传输，是将代表信息的数字信号码元序列以分组的方式在两条或两条以上的并行信道上同时传输，如图 2-5 所示。

并行传输的优点是传输速度快，缺点是需要多个并行信道，成本高。并行传输不仅可用于基带传输系统，还可用于频带传输系统中，如多载波调制传输。

（2）串行传输，是将数字信号码元序列以串行方式一个码元接一个码元地在一条信道上传输，如图 2-6 所示。串行传输的优点是只需一条信道，所需线路铺设费用低。缺点是传输速度比并行传输慢，需要外加同步措施以解决收、发双方码组或字符的同

步问题。

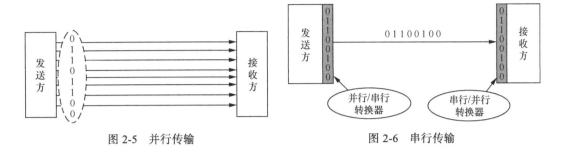

<table>
<tr><td>图 2-5　并行传输</td><td>图 2-6　串行传输</td></tr>
</table>

此外，按照同步方式的不同，可以分为同步通信和异步通信；按照终端之间的连接类型不同，可以分为点到点通信、点到多点通信和多点之间的通信等。

2.3　信息及其度量

1.　信息的概念

通信是指信息的传输和交换，其根本目的在于传输消息中所包含的信息。信息有多种定义方法，科恩塔诺季（Cohen-Tannoudji）认为：信息是一种物理实体，比较类似于场或力的概念，是一种抽象的但确实具有物理意义的量。格兰博姆（Granbohm）认为：信息是一种语言，不具备物理实质，是一种能够解决我们遇到的理论障碍的办法。勒贝拉克（Leberac）认为：信息是信息学及算法学的一个数学概念。1948 年，香农在《通信的数学方法》一文中给出了信息的定量表示，香农认为信息反映的是事物的不确定性。本书主要讨论香农定义的信息。

关于信息的释放者，爱因斯坦（Einstein）认为：信息是由物理学应该描述的一种基本现实释放的。波尔（Bohr）认为：不可能知道是否存在某种基本现实，在进行测量时出现信息，探究谁是释放者是徒劳的。惠勒（Wheeler）则认为现实始于信息，著名天文学家霍金（Hawking）也是这一观点的支持者。关于谁传播信息的问题，有种观点认为信息本身是一种实体，可以被提取出来，可以直接传播而不必借助于某些外在的物理载体（光子、电子和辐射波等）；另一种观点认为，并不存在纯粹状态的物理信息比特。信息得以传播需要一个物理载体，如电磁波、声波或某种粒子的量子态等。关于信息的接收者，任何被观察的物理现象都会向观察者提供一些信息。例如恒星闪耀时会告诉天文物理学家关于其结构、温度等信息。

消息是多种多样的。因此度量消息中所含信息量的方法，必须能够用来度量任何消息，而与消息的种类与消息的重要程度无关。在一切有意义的通信中，对于接收者而言，某些消息所含的信息量比另外一些消息更多。例如："某客机坠毁"这条消息比"明天下雨"这条消息包含有更多的信息。这是因为，前一条消息所表达的事件几乎不可能发生，它使人感到意外；而后一条消息所表达的事件很可能发生，不足为奇。这表明，对于接收者来说，消息中不确定的内容才构成信息，而且，信息量的多少与接收者收到消息时感到的惊讶程度有关。消息所表达的事件越不可能发生，越不可预测，信息量就越大。

2. 信息的度量

通过上面的分析可以看出，消息所表达的事件出现的概率越大，则其包含的信息量越少；消息所表达的事件出现的概率越小，则其包含的信息量就越大。如果一个事件是必然发生的（概率为 1），则它传递的信息量为零；如果一个事件是完全不可能发生的（概率为 0），则它将具有无穷的信息量。如果得到的消息是由若干个独立事件构成的，则总的信息量就是这些独立事件的信息量的总和。传输信息的多少用信息量来衡量。

综上所述，消息中所包含的信息量 I 与消息中描述的事件发生的概率 $P(x)$ 有如下规律。

（1）消息中所含的信息量是出现该消息所描述事件发生概率 $P(x)$ 的函数，即

$$I = I[P(x)] \tag{2-2}$$

（2）消息所描述事件出现的概率越小，它所含的信息量越大，反之信息量越小，且当 $P(x)=1$ 时，$I=0$。

（3）N 个互相独立的事件构成的消息，所含的信息量等于各独立事件信息量的和，即

$$I[P(x_1)P(x_2)\cdots P(x_N)] = I[P(x_1)] + I[P(x_2)] + \cdots + I[P(x_N)] \tag{2-3}$$

基于上述考虑，哈特莱（Hartley）首先提出信息定量化的初步设想，香农给出了信息的统计描述。

$$I = \log_a \frac{1}{P(x)} = -\log_a P(x) \tag{2-4}$$

信息量的单位取决于上式中对数底 a 的取值。如果对数底 $a=2$，则信息量的单位为比特；若 $a=10$，则信息量的单位为哈特莱（Hartley）。通常广泛使用的信息量单位为比特。

首先，谈论等概率出现的离散消息对的信息度量。若需要传递的离散消息是在 M 个消息之中独立地选择其一，且认为每一个消息出现的概率是相同的。显然，为了传递一个消息，需采用 M 种符号和 M 个消息相对应。假设 M 种符号等概率（$P=1/M$）发送，每次发送 M 种符号之一，则每个符号或消息包含的信息量为

$$I = \log_2 \frac{1}{P} = \log_2 \frac{1}{1/M} = \log_2 M \text{(bit)} \tag{2-5}$$

若 M 是 2 的整数次幂，$M=2^k$，$k=1,2,3,\cdots$，则上式可改写为

$$I = \log_2 M = \log_2 2^k = k \text{(bit)} \tag{2-6}$$

接下来，考虑消息出现概率不相等的情况。设离散信源发出的消息是一个由 M 种不同符号组成的集合，其中每个符号 x_i（$i=1,2,3,\cdots,M$）按一定的概率 $P(X_i)$ 独立地出现，即

$$\begin{bmatrix} x_1, & x_2, & \cdots, & x_M \\ P(x_1), & P(x_2), & \cdots, & P(x_M) \end{bmatrix}, \text{且} \sum_{i=1}^{M} P(x_i) = 1 \tag{2-7}$$

则 $x_1, x_2, \cdots, x_M$ 所包含的信息量分别为

$$-\log_2 P(x_1), -\log_2 P(x_2), \cdots, -\log_2 P(x_M) \tag{2-8}$$

于是，每个符号所含信息量的统计平均值，即为平均信息量

$$H(x) = P(x_1)\left[-\log_2 P(x_1)\right] + P(x_2)\left[-\log_2 P(x_2)\right] + \cdots$$
$$P(x_M)\left[-\log_2 P(x_M)\right] = \sum_{i=1}^{M} P(x_i)\left[-\log_2 P(x_i)\right] \tag{2-9}$$

由于平均信息量的表达式与热力学中熵的形式相似，因此通常又称它为信息源的熵，也称为香农信息熵，其单位为 bit/symbol（比特/符号）。当每个信源产生的符号等概率出现时，则信源的不确定性最大，信源熵具有最大值。

对连续消息的信息量，依据抽样定理，一个连续信号的频带限制在 $0 \sim W\mathrm{Hz}$ 内，那么它完全可以用间隔为 $1/(2W)$ 秒的抽样序列无失真地表示。每个抽样点所包含的信息量与离散消息中每个符号所携带的信息量相对应，可把连续消息看成是离散消息的极限情况。

2.4 通信系统主要性能指标

在设计和评价通信系统时，需要建立一套指标体系来反映系统各方面的性能。对于不同的业务，对应通信系统的指标要求会有差异。性能指标也称质量指标，它们是从整个系统的角度综合提出的。

从信息传输的角度来说，有效性、可靠性和安全性是通信系统性能指标需要重点考虑的方面。此外，还需要考虑通信系统的适应性、经济性、可维护性和工艺性等。

有效性是指传输一定信息所占用的资源（如功率、带宽、时间和码长等）多少；可靠性是指传输信息的准确程度；安全性是指信息传输的保密性，以及抗窃听和抗截获的性能；适应性主要是指通信系统的环境适应性；经济性指的是通信系统成本的高低；标准性是指通信系统的接口、结构以及协议是否符合国际或国家标准；可维护性指的是系统是否维修方便；工艺性则要求通信系统满足一定的工艺要求。

本节重点讨论通信系统的有效性和可靠性指标。有效性和可靠性通常是矛盾的，需要依据技术水平尽可能取得一定程度的平衡。由于模拟通信系统和数字通信系统之间存在差异，两者对有效性和可靠性的要求以及性能评价方法也不相同，下面将分别进行介绍。

2.4.1 有效性

模拟通信系统的有效性可以用有效频带来度量，同样的信源信号采用不同的调制方式，信号占据的频带宽度不同，所需的传输带宽越小，则频带利用率越高，有效性越好。例如，同样是传输语音信号，单边带（Single Side Band，SSB）调制传输占用 4 kHz 左右的带宽，采用调频（Frequency Modulation，FM）信号传输可能需要占用约 48 kHz（假设调频指数为 5）的带宽，这表明调幅的有效性比调频的好。

数字通信系统的有效性指标主要有传输速率和频带利用率。

（1）码元传输速率

码元传输速率，又称码元速率、符号速率或传码率。它被定义为单位时间内传输的码元数或符号数，单位为波特（Baud），所以码元传输速率也称为波特率。例如某数字通信系统每秒传送 1 200 个码元，则该系统的码元速率为 1 200 Baud。

需要注意的是，码元速率仅仅表示单位时间内传输码元的数量，而没有限定码元是几进制的，根据码元速率的定义，假设发送码元的时间间隔为 T_B，则码元速率为

$$R_B = \frac{1}{T_B}(\text{Baud}) \qquad (2\text{-}10)$$

（2）信息传输速率

信息传输速率简称传信率，又称比特率。它被定义为单位时间内传输的平均信息量，单位为比特/秒（bit/s）。

对于二进制传输，每个码元携带一个比特的信息，因此在二进制传输的情况下，信息速率和码元速率是一致的。而对于四进制数字通信系统，每个码元间隔内的波形携带 2 bit 的信息，此时信息速率为码元速率的 2 倍。对于八进制数字传输系统，每个码元有 8 种可能的发送波形，每个码元携带 3 个比特的信息，此时信息速率为码元速率的 3 倍。

因为一个 M 进制码元携带 $\log_2 M$ 比特的信息量，所以码元速率和信息速率有以下确定的关系，即

$$R_b = R_B \log_2 M(\text{bit/s}) \qquad (2\text{-}11)$$

或

$$R_B = \frac{R_b}{\log_2 M}(\text{Baud}) \qquad (2\text{-}12)$$

假设码元速率为 300 Baud，则二进制传输时的信息速率为 300 bit/s，四进制传输时的信息速率为 600 bit/s，八进制传输时的信息速率为 900 bit/s。若设每个二进制码元的持续时间为 T_b，则 T_b 与 T_B 有如下关系。

$$T_B = T_b \cdot \log_2 M \qquad (2\text{-}13)$$

码元传输速率的高低决定了所需传输带宽的大小。同样的传输方式下，高的码元速率需要较大的传输带宽，低的码元速率所需的传输带宽较小。

（3）频带利用率

在比较不同通信系统的效率时，单看传输速率是不够的，还应当考虑所占用的频带宽度，因为两个传输速率相等的系统其传输效率不一定相同。频带利用率定义为单位频带内的码元速率或信息速率，B 为信道所需的传输带宽，则频带利用率

$$\eta_B = \frac{R_B}{B} \quad (2\text{-}14)$$

或

$$\eta_b = \frac{R_b}{B} \quad (2\text{-}15)$$

2.4.2 可靠性

模拟通信系统的可靠性通常用接收端输出信号与噪声比（S/N）来度量，它反映了信号经传输后的"保真"程度和抗噪声能力。不同调制方式在同样的输入信噪比条件下解调后的最终输出信噪比也不尽相同，如调频系统的抗噪声能力比调幅系统好，当然调频信号所需的传输频带比调幅信号的宽。可见，有效性和可靠性之间存在矛盾。

数字通信系统的可靠性可用差错概率来衡量。差错概率常用误码率和误比特率表示。

误码率 P_e 是指错误接收的码元数在传输总码元数中所占的比例，更确切地说，误码率是码元在传输过程中被传错的概率，即

$$P_e = \frac{错误码元数}{传输总码元数} \quad (2\text{-}16)$$

误比特率 P_b 是指错误接收的比特数在传输总比特数中所占的比例，即

$$P_b = \frac{错误比特数}{传输总比特数} \quad (2\text{-}17)$$

注意：在二进制系统中，误码率和误比特率相互等效。

本章小结

本章介绍了通信系统的一般模型，从传输信号特征的角度出发将通信系统分为模拟通信系统和数字通信系统，详细介绍了两个通信系统的特征以及优缺点，之后进一步从各种角度对通信系统进行分类并对通信方式进行了相关介绍，最后介绍了信息的度量方法以及从有效性和可靠性两方面对通信系统进行了性能评价。

本章习题

1. 何谓数字信号，何谓模拟信号，两者的根本区别是什么？

2. 数字通信相对于模拟通信具有的优点是（   ）？

A. 占用频带小   B. 抗干扰能力强

C. 传输容量大   D. 易于频分复用

3. 通信系统的主要性能指标有哪些？

4. 数字通信系统的有效性用（   ）衡量，可靠性用（   ）衡量？

A. 传输速率   B. 差错率   C. 传输带宽   D. 信噪比

5. 假设某信息源以每秒 2 000 个符号的速率发送消息，信息源由 A、B、C、D、E 5 个信息符号组成。发送 A 的概率为 1/2，发送其余符号的概率相同，且假设每个符号的出现是相互独立的。求：（1）每一符号的平均信息量；（2）信息源的平均信息速率；（3）可能的最大信息速率。

6. 请描述复用和多址的区别。

第3章

移动通信技术

▶学习目标

了解移动通信网络的发展史；熟悉从第一代移动通信系统到第五代移动通信系统的特点；熟悉从第一代移动通信系统到第五代移动通信系统的关键技术。

▶本章知识点

（1）介绍移动通信系统的发展史

（2）第二代移动通信系统及其关键技术

（3）第三代移动通信系统及其关键技术

（4）第四代移动通信系统及其关键技术

（5）第五代移动通信系统及其关键技术

▶内容导学

移动通信网络的发展影响了世界的运转方式，在不断进行的通信技术革命中，人们享受到了极大的便利。

在学习本章内容时，应重点关注以下内容。

（1）了解从第一代移动通信系统到第五代移动通信系统的典型标准

第一代移动通信系统使用模拟信号传输，其信号容易受到干扰，语音品质低，覆盖范围不够广。从第二代移动通信系统开始便使用数字信号进行传输。第二代移动通信系统的典型标准包括 GSM 以及 IS-95。第三代移动通信系统的典型标准包括 cdma2000、WCDMA 以及 TD-SCDMA。第四代移动通信系统的典型标准包括 LTE 以及 WiMAX。第五代移动通信系统正在蓬勃发展，2019 年 6 月，我国 5G 商用牌照正式发放，2020 年是 5G 的商用元年，5G R16 版本已经冻结，并预计在 2022 年 6 月完成 R17 版本协议的冻结。

（2）熟悉从第二代移动通信系统到第五代移动通信系统的关键技术

第二代移动通信系统的关键技术主要有多址技术、RAKE 接收技术、功率控制技术、软切换与硬切换以及分集技术。第三代移动通信系统的关键技术主要有双模终端技术、无线信道编码技术、TDD 技术、智能天线技术、联合检查技术、接力切换技术。第四代移动通信系统的关键技术主要包含 OFDM 技术、MIMO 技术、链路自适应技术。第五代移动通信系统的关键技术包含大规模 MIMO 技术、毫米波通信技术、D2D 技术以及双工技术等。

3.1 移动通信网络发展介绍

使用模拟信号传输的第一代移动通信在 20 世纪 80 年代左右开始向普通民众开放使用，第一代移动通信系统只提供语音服务。其主要技术包括北美的高级移动电话系统（Advanced Mobile Phone System，AMPS）、北欧国家协同制定的北欧移动电话（Nordic Mobile Telephony，NMT）以及在英国等地使用的全接入通信系统（Total Access Communication System，TACS）。

第二代移动通信系统在 20 世纪 90 年代早期开始提供服务。与使用模拟信号的第一代不同，第二代移动通信系统在无线链路上引入了数字信号传输，从而具有了提供有限数据服务的能力。在第二代移动通信系统出现的伊始，世界上同时存在几种不同的技术规范，其中包括后来占据第二代移动通信主导地位的、由许多欧盟国家联合制定的全球移动通信系统（Global System for Mobile Communication，GSM），由美国提出的数字高级移动电话系统（Digital-Advanced Mobile Phone System，D-AMPS），由日本提出并且仅在日本使用的个人数字蜂窝（Personal Digital Cellular，PDC），以及基于 CDMA 的 IS-95。GSM 的成功推广，使得移动电话成为每个人生活中的必需品。在 5G 通信已经逐渐落地的今天，第二代移动通信依然在世界上许多地方被作为主要的移动通信手段，甚至在某些地区或者某些情况下是唯一可以使用的移动通信技术。

第三代通信技术，也就是我们所熟知的 3G 技术，于 21 世纪初出现。3G 将移动通信真正带入到高质量移动宽带领域，尤其是在利用了高速分组接入（High Speed Packet Access，HSPA）技术后，我们在手机上使用高速的无线互联网成为可能。此外，在我国主推的基于时分双工（Time Division Duplexing，TDD）的 TD-SCDMA 技术中，首次引入了非对称频谱的移动通信技术。

从过去的几年到现在，作为主导的是以 LTE（Long Term Evolution，长期演进）技术为代表的第四代移动通信。在 HSPA 的基础之上，LTE 提高了通信效率且改善了移动宽带体验，使得终端用户可以享用更快的数据速率。这些改变主要依赖基于 OFDM（Orthogonal Frequency Division Multiplexing，正交频分复用）的传输技术以及更先进的多天线技术。此外，相对于 3G 支持一种特殊的非对称频谱工作的无线接入技术（TD-SCDMA），LTE 支持在一个通用的无线接入技术之中实现 FDD（Frequency Division Duplexing，频分双工）和（Time Division Duplexing，时分双工）TDD 制式，即对称和非对称频谱制式。这样，LTE 就实现了一个全球统一的移动通信技术，适用于对称和非对称频谱以及所有移动网络运营商。

第五代移动通信系统是面向未来的移动网络数据信息爆炸式增长需求而发展的新一代移动通信系统。根据现阶段移动通信系统的发展规律可知，5G 系统将具有超高的频谱利用效率和能效，相较 4G 移动通信系统，能大幅度提升资源实际利用效率和传输速率，能不断增强其无线覆盖性能、系统安全性能和用户体验并降低系统时延。目前，第五代移动通信系统已成为国内外移动通信领域的重要研究方向。

我国于 2016 年启动 5G 测试，到 2017 年年底已完成 5G 关键技术试验、5G 技术方案验证，并启动第三阶段 5G 系统验证测试；测试工作有力地支撑了 5G 研发技术的试验和国际标准的制定，也加速了产业链的合作与技术的成熟。2018 年，工业和信息化部正式向外界宣布为中国电信、中国移动、中国联通三大运营商发放 5G 系统中低频段试验频率，这一举动进一步推动了我国 5G 产业链的发展与成熟。2019 年 6 月，工业和信息化部向中国移动、中国电信、中国联通、中国广电发放了 5G 商用牌照，促进了中国 5G 商用的落地。目前，我国 5G 用户数已突破 1.5 亿人。

3.2 第二代移动通信系统

3.2.1 概述

从 20 世纪 90 年代中期开始，移动蜂窝通信经历了爆炸式的增长，无线通信网络开始遍布全世界。第二代移动通信系统是一个基于数字技术的移动网络，它引入了被叫和文本加密技术，成功地将手机从模拟通信转换到数字通信并且提供 SMS（Short Messaging Service，短消息业务）、图片消息服务和 MMS（Multimedia Messaging Service，多媒体消息业务）等数据服务。

相较于第一代移动通信系统，第二代蜂窝移动通信系统的网络容量较高，语音质量和保密性也有了明显的提升，并且第二代蜂窝移动通信能够为用户提供无缝的国际漫游。

时分多址（TDMA）以及码分多址（CDMA）是第二代移动通信系统的主要技术，数字化的语音服务以及低速数据业务是其主要业务。第二代移动通信解决了模拟移动通信系统的问题，大幅提高了语音质量以及保密性，并实现了省内、省际的自动漫游。但是由于带宽有限，数据业务的应用受限，无法支持例如移动多媒体等速率较高的业务。

第二代数字无线标准包括了 GSM、D-AMPS、PDC 和 IS-95 CDMA 等，下面我们将重点介绍 GSM 以及 IS-95。

3.2.2　GSM

1. 概述

欧洲第一代蜂窝系统没有统一的标准，用户无法使用多种制式的手机在整个欧洲彼此通信，在这样的背景下，全球移动系统（GSM）应运而生。GSM 是第二代蜂窝移动通信系统的标准，是世界上第一个规定数字调制、网络层结构和业务的蜂窝系统，也是世界范围内使用最广泛的 2G 技术。GSM 采用增强型数据速率（EDGE）技术，数据传输速率可达 384 kbit/s。

我们一般所说的 GSM 业务主要是指其用户业务，用户业务可分为三大类。

- 电信业务：包括紧急呼叫以及传真。GSM 还提供可视图文和图文电视服务。
- 承载业务或数据业务：该业务被限定在 OSI 模型的第 1 层到第 3 层上。所支持的业务包括分组交换协议，数据速率的范围是 300 bit/s ~ 9.6 kbit/s。数据的传送方式有透明和非透明两种选择。两种方式的不同在于，透明方式下，GSM 提供标准的信道编码；而非透明方式则为用户数据提供基于特定数据接口的特殊编码。
- 补充 ISDN 业务：实质上是包括呼叫转移、闭合用户群和主叫识别等在模拟移动网络中无法实现的业务。补充业务还包括短消息业务（SMS）。短消息业务允许 GSM 的手机与基站传送语音业务时，同时传送包含 160 个 7 比特的 ASCII 字符的信息。SMS 还支持小区广播，它允许 GSM 基站以连续方式重复传送 ASCII 信息，该信息最长为 15 个含 93 个字符的字符流。SMS 可用于安全和咨询业务，比如向所有接收范围内的 GSM 用户发送交通或气象信息。

在 GSM 中，每一个移动用户都会有一张用户识别卡（Subscriber Identity Module，SIM），SIM 卡是一种存储设备，可以为用户存储识别号，向用户提供服务的网络、地区以及其他用户特定的信息。每张 SIM 卡都拥有一个 4 位数的 ID 号，可以激活 GSM 手机来进行呼叫。SIM 卡可用智能卡来实现，能够轻松插入到任何 GSM 手机中。SIM 卡也可以通过插入式模块来实现，其优点是可移动性和便携性。GSM 移动台只有拥有 SIM 卡才可以工作，通过 SIM 卡可以识别 GSM 用户的身份。

2．网络架构

图 3-1 所示为 GSM 的典型系统构成。

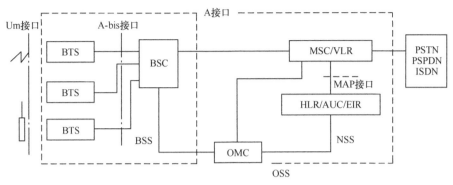

图 3-1　GSM 构成

GSM 由 3 个子系统组成，即运营支撑子系统（Operation Support Subsystem，OSS）、基站子系统（Base Station Subsystem，BSS）和网络交换子系统（Network Switched Subsystem，NSS）。其中，基站子系统是 GSM 中形成无线蜂窝覆盖的基本网元，它通过无线接口与移动台相连，负责无线信号的发送、接收和无线资源的管理。

网络交换子系统是整个系统的核心，它对 GSM 移动用户之间及移动用户与其他通信网用户之间的通信起着交换、连接与管理的功能，主要负责完成呼叫处理、通信管理、移动管理、部分无线资源管理、安全性管理、用户数据和设备管理、计费记录处理、信令处理和本地运行维护等功能。

运营支撑子系统是操作人员与系统设备之间的中介，它实现系统的集中操作与维护，完成包括移动用户管理，移动设备管理及网络操作维护等功能。

GSM 网络的详细结构如图 3-2 所示。

（1）移动台

移动台（Mobile Station，MS）是整个系统中直接由用户使用的设备，可分为车载型、便携型和手持型 3 种。用户所有的信息都存储在 SIM 卡上，系统中的任何一个移动台都可以利用 SIM 卡来识别移动用户，由网络来进行相关的认证，保证使用移动网的是合法用户。移动台有自己的识别码，称为国际移动台设备识别码（IMEI）。每个移动台的 IMEI 都是唯一的，网络对 IMEI 进行检查，可以保证移动台的合法性。SIM 卡中存储着用户的所有信息，包括 IMSI 等。

（2）基站子系统

基站子系统（BSS）包括基站收发台（Base Transceiver Station，BTS）和基站控制器（Base Station Controller，BSC），BTS 通过无线接口直接与移动台实现通信连接，BSC

连到网络端的交换机，为移动台和交换子系统提供传输通路。从功能上看，BTS主要负责无线传输，BSC主要负责控制和管理。

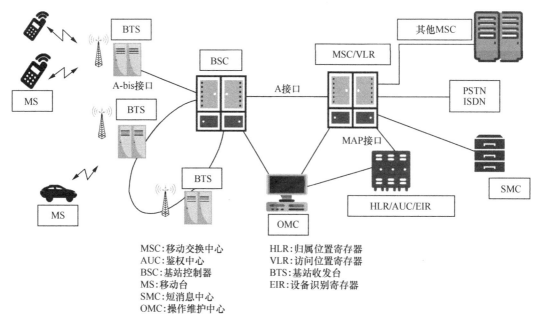

MSC：移动交换中心
AUC：鉴权中心
BSC：基站控制器
MS：移动台
SMC：短消息中心
OMC：操作维护中心

HLR：归属位置寄存器
VLR：访问位置寄存器
BTS：基站收发台
EIR：设备识别寄存器

图3-2　GSM网络详细结构

移动用户通过空中接口与BTS相连。BTS包括收发信机和天线，以及与无线接口有关的信号处理电路等。BSC通过BTS和移动台的远端命令管理所有的无线接口，主要是进行无线信道的分配、释放以及越区信道切换的管理等。BSC由BTS控制部分、交换部分和公共处理器部分组成。根据BTS的业务能力，一台BSC可以管理多达几十个BTS。此外，BSS还包括码型变换器。码型变换器一般置于BSC和MSC（Mobile Switching Center，移动交换中心）之间，完成16 kbit/s RPELTP（规则脉冲激励长期预测）编码和64 kbit/s A律PCM编码之间的码型转换。

3．子系统

（1）网络交换子系统

网络交换子系统包括实现GSM交换功能的交换中心以及管理用户数据和移动性所需的数据库，它由一系列功能实体构成，各功能实体间以及NSS与BSS之间通过7号信令网络互相通信。NSS可分为如下几个功能单元。

移动交换中心（MSC）：MSC是网络的核心，它完成最基本的交换功能，即实现移动用户与其他网络用户之间的通信连接。为此，它提供面向系统其他功能实体的接口、到其他网络的接口以及与其他MSC互连的接口。MSC从HLR、VLR、AUC这3个数据库中获取处理用户呼叫请求所需的全部数据，同时这3个数据库也会根据MSC最新信息进行自我更新。MSC 为用户提供承载业务、基本业务和补充业务等一系列服务。作为网络的核心，MSC 还支持位置登记、越区切换和自动漫游及其他网络功能。

对于容量较大的通信网，一个 NSS 可以包括若干个 MSC、HLR 和 VLR。在建立固定网用户与 GSM 移动用户之间的呼叫时，呼叫往往首先被接到关口 MSC（GMSC），再由 GMSC 获取位置信息，然后进行接续。GMSC 具有与固定网和其他 NSS 实体互通的接口，也就是我们通常所说的关口局。

访问位置寄存器（Visitor Location Register，VLR）：VLR 存储进入其覆盖区的所有用户的全部有关信息，为已经登记的移动用户提供建立呼叫接续的必要条件。VLR 是一个动态数据库，需要随时与有关的 HLR 进行数据交换以保证数据的有效性。当用户离开其覆盖区时，用户的有关信息被删除。

VLR 在物理实体上总是与 MSC 合设，这样可以尽量避免由于 MSC 与 VLR 之间频繁联系所带来的接续时延。

归属位置寄存器（Home Location Register，HLR）：HLR 是系统的中央数据库，存放与用户有关的所有信息，包括用户的漫游权限、基本业务、补充业务及当前位置信息等，从而为 MSC 提供建立呼叫所需的路由信息等相关数据。一个 HLR 可以覆盖几个移动交换区域甚至整个移动网络。

鉴权中心（Authentication Center，AUC）：AUC 存储用户的鉴权参数，用以保护用户在系统中的合法地位不受侵犯。由于空中接口的开放性，经由空中接口传送的信息极易被截获，因此 GSM 采用了严格的安全措施，如用户鉴权、信息的加密等。这些鉴权信息和加密密钥均存放在 AUC 中。因此，AUC 是一个受到严格保护的数据库。在物理实体上，AUC 和 HLR 合设。

设备识别寄存器（Equipment Identity Register，EIR）：EIR 存储与移动台 IMEI 有关的信息。它可以对移动台的 IMEI 进行核查，以确定移动台的合法性，防止未经许可的移动台设备使用移动网。

（2）运营支撑子系统

运营支撑子系统（OSS）的一侧与设备相连，另一侧是作为人-机接口的计算机工作站。这些专门用于操作维护的设备称为操作维护中心（Operation and Maintenance Center，OMC）。GSM 系统的每个组成部分都可以通过网络连接至 OMC，从而实现集中维护。OMC 由两个功能单元构成。一个功能单元是 OMC-S（Operation and Maintenance Center-System，操作维护中心-系统部分），用于 MSC、HLR、VLR 等交换子系统各功能单元的维护和操作。另一个功能单元是 OMC-R（Operation and Maintenance Center-Radio，操作维护中心-无线部分），用于实现整个 BSS 的操作与维护，它一般是通过 SUN 工作站在 BSS 上的应用来实现的。

3.2.3 IS-95 CDMA 系统

CDMA 是码分多址（Code Division Multiple Access）的英文缩写，它是在扩频通信技术上发展起来的一种无线通信技术。扩频技术就是将需传送的具有一定信号带宽的信息数据，用一个带宽远大于信号带宽的高速伪随机码进行调制，使原数据信号的带宽被扩展，再经载波调制并发送出去。接收端使用完全相同的伪随机码，对接收的宽带信号进行相关处理，把宽带信号转换成原信息数据的窄带信号即解扩，以实现信息通信。下面介绍 IS-95 CDMA 的 5 个关键技术。

1. 多址技术

多址技术使众多的用户共用公共的通信线路。实现多址接入的方法基本上有 3 种，它们分别采用频率、时间或代码分割的多址连接方式，即人们通常所称的频分多址（FDMA）、时分多址（TDMA）和码分多址（CDMA）3 种接入方式，图 3-3 所示是这 3 种接入方式的简单示意图。

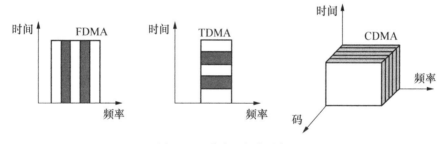

图 3-3　3 种多址方式示意

① 频分多址

频分多址就是把整个可分配的频谱按照频率划分成若干个无线信道，每个信道可以传输一路语音或控制信息。在系统的控制下，任何一个用户都可以接入这些信道中的任何一个。

模拟蜂窝系统是 FDMA 结构的一个典型例子，数字蜂窝系统中也采用 FDMA，只是在 FDMA 的基础上又进行了时分或码分。

② 时分多址

时分多址是在一个带宽的无线载波上，按时间（或称为时隙）划分为若干时分信道，每个用户占用一个时隙，只在这一指定的时隙内收（或发）信号，故称为时分多址。此多址方式在数字蜂窝系统中使用，GSM 系统即采用了此种方式。

TDMA 是一种较复杂的结构，最简单的情况是单路载频被划分成许多不同的时隙，每个时隙传输一路突发式信息。TDMA 中的每一个用户分配给一个时隙（在呼叫开始时分配），用户与基站之间进行同步通信，并对时隙进行计数。当自己的时隙到来时，移动台就启动接收和解调电路，对基站发来的突发式信息进行解码。同样，当用户要发送信息时，首先将信息进行缓存，等待自己时隙的到来。在时隙开始后，再将信息加速发射出去，然后又开始积累下一次突发式传输。

TDMA 的一个变形是在一个单频信道上进行发射和接收，称之为时分双工（TDD）。其最简单的结构就是利用两个时隙，一个发，一个收。当移动台发射时基站接收，基站发射时移动台接收，交替进行。TDD 具有 TDMA 结构的许多优点，包括突发式传输、不需要天线的收发共用装置等。它的主要优点是可以在单一载频上实现发射和接收，而不需要上行和下行两个载频，不需要频率切换，因而可以降低成本。TDD 的主要缺点是满足不了大规模系统的容量要求。

③ 码分多址

码分多址是一种利用扩频技术所形成的不同的码序列实现的多址方式。它不像 FDMA、TDMA 那样把用户的信息从频率和时间上进行分离，它可在一个信道上同时传输多个用户的信息，也就是说，允许用户之间存在干扰。其关键是信息在传输以前要进行特殊的编码，编码后的信息混合后不会丢失原来的信息。有多少个互为正交的码序列，就可以有多少个用户同时在一个载波上通信。每个发射机都有自己唯一的代码（伪随机码），同时接收机也知道要接收的代码，用这个代码作为信号的滤波器，接收机就能从所有其他信号中恢复原来的信息码（这个过程称为解扩）。

CDMA 按照获得带宽信号所采取的调制方式分为直接序列扩频（Direct Sequence Spread Spectrum，DS）、跳频（Frequency Hopping，FH）和跳时（Time Hopping，TH），如图 3-4 所示。

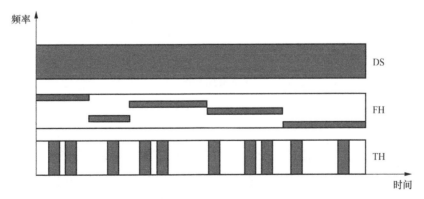

图 3-4　3 种 CDMA 扩频方式概念示意

2. RAKE 接收机

RAKE 接收技术实际上是一种多径分集接收技术，可以在时间上分辨出细微时延差别的多径信号，对这些分辨出来的多径信号分别进行加权调整，使之复合成更强的信号。由于该接收机中横向滤波器具有类似于锯齿状的抽头，就像耙子一样，故称该接收机为 RAKE 接收机。图 3-5 所示为 RAKE 接收机的示意。

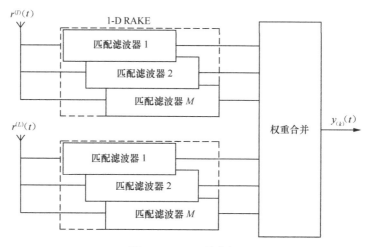

图 3-5　RAKE 接收机

对于一个信道带宽为 1.23 MHz 的码分多址系统，当来自两个不同路径的信号的时延差为 1 μs，也就是这两条路径相差大约为 0.3 km 时，RAKE 接收机就可以将它们分别提取出来而不互相混淆。

CDMA 系统对多径的接收能力在基站处和移动台处是不同的。在基站处，对应每一个反向信道都有 4 个数字解调器，而每个数字解调器又包含两个搜索单元和一个解调单元。搜索单元的作用是在规定的窗口内迅速搜索多径，搜索到之后再交给数字解调单元。这样，对于一条反向业务信道，每个基站都同时解调 4 个多径信号，进行矢量合并，再进行数字判决恢复信号。在移动台处，一般只有 3 个数字解调单元、一个搜索单元。搜索单元的作用也是迅速搜索可用的多径。当只接收到一个基站的信号时，移动台可同时解调 3 个多径信号进行矢量合并。如果移动台可以接收到多个基站的信号时，移动台对从不同基站来的信号一起解调，最多可以同时解调 3 个基站的信号。

3. 功率控制

由于 CDMA 系统的不同用户同一时间采用相同的频率，所以 CDMA 系统为自干扰系统，如果系统采用的扩频码不是完全正交的（实际系统中使用的地址码是近似正交的），会造成相互之间的干扰。在一个 CDMA 系统中，每一码分信道都会受到来自其他码分信道的干扰，这种干扰是一种固有的内在干扰。由于各个用户与基站的距离不同而使得基站接收到各个用户的信号强弱不同，由于信号间存在干扰，尤其是强信号会对弱信号造成很大的干扰，甚至造成系统的崩溃，因此必须采用某种方式来控制各个用户的发射功率，使得各个用户到达基站的信号强度基本相等。

CDMA 功率控制分为前向功率控制和反向功率控制，反向功率控制又分为开环和闭环功率控制。

① 反向开环功率控制

反向开环功率控制是移动台根据在小区中所接收功率的变化，迅速调节移动台发射功率。其目的是试图使所有移动台发出的信号在到达基站时都有相同的标称功率。

开环功率控制是为了补偿平均路径衰落的变化和阴影、拐弯等效应，它必须有一个很大的动态范围。IS-95 空中接口规定开环功率控制动态范围是 $-32\sim+32$ dB。

刚进入接入信道时（闭环校正尚未激活）

平均输出功率（dBm）= $-$平均输入功率（dBm）$-73+$NOM_PWR（dB）+ INIT PWR（dB）

其中，平均功率是相对于 1.23 MHz 标称 CDMA 信道带宽而言；INIT_PWR 是对第一个接入信道序列所要进行的调整；NOM_PWR 是为了补偿由于前向 CDMA 信道和反向 CDMA 信道之间不相关造成的路径损耗。

其后的试探序列不断增加发射功率（步长为 PWR_STEP），直到收到一个应答或序列结束。试探序列输出的功率电平为

$$平均输出功率（dBm）= -平均输入功率（dBm）-73 + NOM\_PWR（dB）$$
$$+ INIT\_PWR（dB）+PWR\_STEP 之和（dB）$$

在反向业务信道开始发送之后，一旦收到一个功率控制比特，移动台的平均输出功率变为

$$平均输出功率（dBm）= -平均输入功率（dBm）-73 + NOM\_PWR（dB）+$$
$$INIT\_PWR（dB）+ PWR\_STEP 之和（dB）+ 所有闭环功率校正之和（dB）$$

其中：NOM_PWR 的范围为 $-8\sim7$ dB，标称值为 0 dB；INIT_PWR 的范围为 $-16\sim15$ dB，标称值为 0 dB；PWR_STEP 的范围为 $0\sim7$ dB。

② 反向闭环功率控制

闭环功率控制的目的是使基站对移动台的开环功率估计迅速做出纠正，以使移动台保持最理想的发射功率。

功率控制比特是连续发送的，速率为每比特 1.25 ms（即 800 bit/s）。0 比特指示移动台增加平均输出功率，1 比特指示移动台减少平均输出功率，步长为 1 dB/比特。基站发送的功率控制比特比反向业务信道时延为 2×1.25 ms。

一个功率控制比特的长度正好等于前向业务信道两个调制符号的长度（即 104.66 μs）。每个功率控制比特将替代两个连续的前向业务信道调制符号，这个技术就是通常所说的符号抽取技术。

反向外环与闭环功率控制如图 3-6 所示。

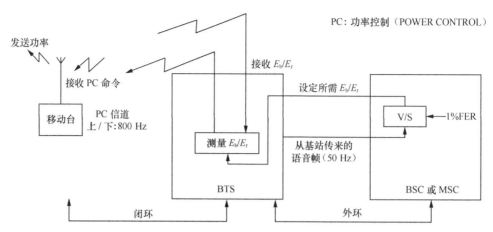

图 3-6 反向外环与闭环功率控制示意

③ 前向功率控制

基站周期性地调整到移动台的发射功率，移动台测量前向信道误帧率，当误帧率超过预定值时，移动台要求基站对它的发射功率增加 1%，每 15～20 ms 进行一次调整。下行链路低速控制调整的动态范围是 ±6 dB。移动台的报告分为定期报告和门限报告。

4. 软切换

切换是指将一个正在进行的呼叫从一个小区转移到另一个小区的过程。切换是由于无线传播、业务分配、激活操作维护、设备故障等原因而产生的。

CDMA 系统中的切换有两类：硬切换和软切换。

① 硬切换（Hard Handoff）

硬切换是指在切换的过程中，业务信道瞬时中断的切换过程。硬切换包括以下两种情况。

- 同一 MSC 中的不同频道之间。
- 不同 MSC 之间。

② 软切换（Soft Handoff）

软切换是指在切换过程中，移动台在中断与旧的小区的联系之前，先用相同的频率建立与新的小区的联系。手机在两个或多个基站的覆盖边缘区域进行切换时，同时接收多个基站的信号，这些基站也同时接收该手机的信号，直到满足一定的条件后手机才切断同原来基站的联系。如果两个基站之间采用的是不同频率，则这时发生的切换是硬切换。

软切换包括以下 3 种情况。

- 同一基站的两个扇区之间［这种切换称为更软切换（Softer Handoff）］。
- 不同基站的两个小区之间。
- 不同 BSC 之间。

③ 软切换的实现

能够实现软切换的原因在于：

• CDMA 系统可以实现相邻小区的同频复用；

• 手机和基站对于每个信道都采用多个 RAKE 接收机，可以同时接收多路信号。

在软切换过程中，各个基站的信号对于手机来讲相当于是多径信号，手机接收到这些信号相当于是一种空间分集。

IS-95 系统中，将所有的导频信号分为 4 个导频集，所谓导频集是指所有具有相同频率但不同 PN 码相位的导频集合。

激活导频集：与正在联系的基站相对应的导频集合。

候选导频集：当前不在激活导频集里，但是已有足够的强度，表明与该导频相对应的基站的前向业务信道可以被成功解调的导频集合。

相邻导频集：与激活导频所在小区相邻的导频集合。

剩余导频集：没有包含在相邻导频集、候选导频集和激活导频集里的所有其他导频的集合。

软切换过程如图 3-7 所示。

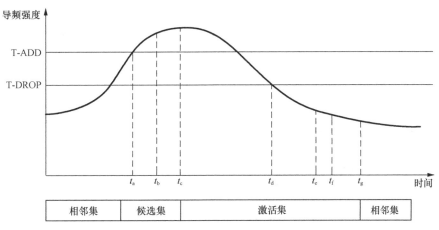

图 3-7　软切换实现过程

• 当导频强度达到 T_ADD，移动台发送一个导频强度测量消息，并将该导频转到候选导频集。

• 基站发送一个切换指示消息。

• 移动台将此导频转到激活导频集并发送一个切换完成消息。

• 当导频强度掉到 T_DROP 以下时，移动台启动切换去掉定时器（T_DROP）。

• 切换去掉定时器到期，移动台发送一个导频强度测量消息。

• 基站发送一个切换指示消息。

- 移动台把导频从激活导频集中移出并发送切换完成消息。

5. 分集技术

分集技术是指系统同时接收衰落互不相关的两个或多个输入信号后，系统分别解调这些信号，然后将它们合并，这样系统可以接收到更多有用的信号，克服多径衰落。

移动通信信道是一种多径衰落信道，发射的信号经过直射、反射、散射等多条传播途径才能到达接收端。而且随着移动台的移动，各条传播路径上的信号幅度、时延及相位随时随地发生变化，所以接收到的信号的电平是起伏、不稳定的，这些多径信号相互叠加就会形成衰落，称为多径衰落。由于这种衰落随时间变化较快，又称为"快衰落"。严重的快衰落深度达到 20～30 dB。

分集技术是克服多径衰落的一个有效方法。分集技术包括频率分集、时间分集、空间分集等。

空间分集是采用几个独立的天线或在不同位置分别发射和接收信号，以保证各信号之间的衰落独立。

根据衰落的频率选择性，当两个频率间隔大于信道的相关带宽时，接收到的两种频率的衰落信号不相关，市区的相关带宽一般为 50 kHz 左右，郊区的相关带宽一般为 250 kHz 左右。而 CDMA 的一个信道带宽为 1.23 MHz，无论在市区还是郊区都远远大于相关带宽的要求，所以 CDMA 的宽带传输本身就是频率分集。

时间分集是利用基站和移动台的 RAKE 接收机来完成的。对于一个信道带宽为 1.23 MHz 的 CDMA 系统，当来自两个不同路径信号的时延为 1 μs 时，即这两条路径相差大约 300 m 时，RAKE 接收机就可以将它们分别提取出来而不会混淆。

3.3 第三代移动通信系统

3.3.1 概述

第三代移动通信系统简称 3G，是由国际电信联盟（ITU）率先提出并负责组织研究的采用宽带码分多址（CDMA）数字技术的新一代通信系统，是现代移动通信技术和实践的总结和发展。3G 在最早提出时被命名为未来公众陆地移动通信系统（Future Public Land Mobile Telecommunication System，FPLMTS），后更名为 IMT-2000。其含义是 2000 年左右投入商用，核心工作频段为 2 000 MHz 以及多媒体业务最高传输速率第一阶段为 2 000 kbit/s。

第三代移动通信系统主要是将各种业务结合起来，用一个单一的全功能网络来实现，与第一代和第二代移动通信系统相比较，其主要特点可以概括为以下几点。

（1）全球普及和无缝漫游的系统。第二代移动通信系统，一般为区域或国家标准，而第三代移动通信系统将是一个在全球范围内覆盖和使用的系统。

（2）可同时提供语音、分组数据和图像，并支持多媒体业务，特别是支持 Internet 业务。

ITU 规定的第三代移动通信无线传输技术必须满足以下 3 种传输速率要求。

① 快速移动环境，最高速率达 144 kbit/s。

② 室外到室内或步行环境，最高速率应达到 384 kbit/s。

③ 室内环境，最高速率应达到 2 Mbit/s。

（3）便于过渡、演进。

由于引入 3G 时，2G 网络已具有相当规模，所以 3G 的网络一定要能在 2G 网络的基础上演进而成，并与固定网兼容。

（4）包括卫星和地面两个网络，适用于多环境，拥有更高的频谱利用率，可降低同速率业务的价格。

cdma2000、WCDMA、TD-SCDMA 是 3G 主流标准，接下来我们将分别介绍这 3 种标准。

3.3.2　cdma2000 系统

1．概述

在 20 世纪 90 年代后期，随着无线互联网接入需求的增长，无线分组数据业务的需求量也随之增长。以无线局域网为代表的无线接入技术虽然能提供较高的速率，但是在安全性、计费和覆盖等方面的局限性，限制了它们的广泛应用。蜂窝移动通信网络可以提供广域的覆盖，具有良好的计费体系和安全架构，如果结合新的高速无线接入技术，在提供无线互联网业务方面将具有美好的应用前景。同时考虑到与以 ADSL 为代表的有线数据网络竞争的需要，要求这种新的蜂窝网络至少能提供与 ADSL 相比拟的数据传输速率。鉴于此，高通公司从 1996 年开始开发了 HRD（High Data Rate）技术，该技术于 2000 年被 TIA/EIA 接受为 IS-856 标准（Release0 版本），又称 HRPD（High Rate Packet Data）或 1xEV-DO。1x 表示它与 cdma2000 1x 系统所采用的射频带宽和码片速率完全相同，具有良好的后向兼容性；EV（Evolution）表示它是 cdma2000 1x 的演进版本；DO（Data Optimization）表示它是专门针对分组数据业务进行优化的技术。1x EV-DO 于 2001 年被 ITU-R 接受为 3G 技术标准之一。

得益于大幅度提高的前反向峰值速率和平均小区容量以及对 QoS 的支持，EV-DO

Rev.A 系统除了可以明显提高已在 cdma 1x 和 EV-DO Rev.0 网络上开展的服务的用户体验外，还可以支持很多对 QoS 有较高要求的新业务，如可视电话、VoIP、VoIP 和数据并发的业务、即时多媒体通信、移动游戏以及广播多播业务（Broadcast and Multicast Service，BCMCS）。

2. EV-DO 系统的关键技术

在 EV-DO 系统中，采用了很多不同于 cdma2000 1x 的关键技术，前向采用了 8PSK、16QAM 等高阶调制技术，提高了前向数据速率（最高可达 2.4 Mbit/s）。控制信道仅使用 76.8 kbit/s 和 38.4 kbit/s 的数据速率。

① 切换技术

EV-DO 前向采用时分技术，因此 EV-DO 系统内前向切换时采用一种虚拟软切换技术，即当终端位于小区交界地区时，终端测量不同小区前向的导频信号，选取信号最好的一个小区发送数据请求，接收该小区的数据。而 EV-DO 反向切换同 cdma2000 1x 一样，采用软切换技术。

cdma2000 1x 和 EV-DO 之间的切换只能是休眠切换，激活态的切换也必须是先进入休眠状态，通过休眠切换来完成。

② 双模终端

EV-DO 技术是对 cdma2000 1x 数据业务的增强，在 EV-DO 系统中不能承载电路型的语音业务，而且特别是在网络建设初期，EV-DO 的覆盖肯定不如 cdma2000 1x，所以双模终端就成了解决上述问题的必要手段。下面对双模终端在各种状态下的工作过程进行一些简要介绍。

- 初始化状态：双模终端在初始化状态下，先根据优选漫游列表（Preferred Roaming List，PRL）中 cdma2000 1x 的频点设置进行 cdma2000 1x 的系统搜索，在搜索同步到 cdma2000 1x 系统后，终端再根据 PRL 中 EV-DO 的频点设置进行 EV-DO 系统的搜索。

- 空闲状态：双模终端在空闲状态下采用分时的方式工作在两个系统当中，双模终端分别按 EV-DO 和 cdma2000 1x 系统的时间周期定期地接收系统消息。在空闲状态下发起语音呼叫，无论在何种覆盖条件下，终端均会选择 cdma2000 1x 系统进行连接。如发起数据呼叫，终端不管 cdma2000 1x 信号是否比 EV-DO 的信号要强，也会优先选择 EV-DO 系统进行数据呼叫，除非终端所在区域没有 EV-DO 覆盖，或者不能成功地接入 EV-DO 系统。

- EV-DO 激活状态：双模终端处于 EV-DO 激活状态下时，会周期性地监听 cdma2000 1x 系统的寻呼信道。如果此时有 cdma2000 1x 语音呼叫进入，双模终端会中断

EV-DO 系统的连接（进入 EV-DO 休眠状态），转而连接到 cdma2000 1x 系统中。

- EV-DO 休眠状态：双模终端在 EV-DO 休眠状态下的工作流程同空闲状态相似，也是分时地工作在两个系统当中的，各自按照自己的时间周期定期地接收系统消息。重激活时则优先选择 EV-DO 系统。
- cdma2000 1x 激活状态：双模终端工作在 cdma2000 1x 激活状态时，仅仅工作在 cdma2000 1x 系统中，不能接收到 EV-DO 系统的任何消息。
- cdma2000 1x 休眠状态：双模终端 cdma2000 1x 休眠状态下的工作流程与空闲状态类似，也是分时地工作在两个系统当中的，各自按照自己的时间周期定期地接收系统消息。如果此时终端进入 EV-DO 的覆盖区，将会发生从 cdma2000 1x 到 EV-DO 的休眠切换，数据重激活时，也将优先选择 EV-DO 系统连接。

3.3.3 WCDMA 系统

1. 概述

WCDMA（Wideband Code Division Multiple Access，宽带码分多址）是一个 3G 标准，它是从 CDMA 演变来的。WCDMA 采用直接序列扩频码分多址（Direct Sequence-Code Division Multiple Access，DS-CDMA）、频分双工（FDD）方式，码片速率为 3.84 Mbit/s，载波带宽为 5 MHz。基于 Release99/Release4 版本，可在 5 MHz 的带宽内，提供最高 384 kbit/s 的用户数据传输速率。WCDMA 能够支持移动/手提设备之间的语音、图像、数据以及视频通信，速率可达 2 Mbit/s（对于局域网而言）或者 384 kbit/s（对于宽带网而言）。输入信号先被数字化，然后在一个较宽的频谱范围内以扩频模式进行传输。窄带 CDMA 使用 200 kHz 宽度的载频，WCDMA 使用 5 MHz 宽度的载频。支持 WCDMA 通信系统标准的公司很多，包括中国的华为、中兴，瑞典的爱立信，总部位于芬兰的诺基亚以及日本的 NEC、富士通等。

2. WCDMA 系统关键技术

① 无线信道编码

信息在传输的过程中，信道内部存在的噪声或者衰落会增加传输信息的误码率，为了提高通信的可靠性和安全性，对可能出现的差错进行有效的控制，就需要采用信道编码技术。所谓信道编码技术，就是在原数据流中增加一些冗余信息，这些冗余信息与原数据流相关，它们之间的这种冗余度使码字具有一定的纠错和检错能力。在接收端，接收机利用已知的编码规则进行相应的解码，从而来检测传输的比特序列是否发生错误，进而进行纠错。这种通过添加冗余信息的编码技术虽然降低了误码率，但是在一定程度上牺牲了部分传输带宽。我们通常采用的编码方式有线性分组码、卷积码、BCH 码、Turbo 码等。对于 WCDMA 系统来说，采用的是卷积码和 Turbo 码。卷积码主要适用于语音和低速信令的传送，编码速率为 1/2 和 1/3，译码比较简单，信道的误码率在 10^{-3} 量级。Turbo 码用于数据业务，译码采用 Log-MAP 算法，有效地降低了误码率，可以达到 10^{-6} 量级。

② 分集技术

在通信系统中，由于从发射端到接收端的信号要经过各种复杂的地理环境，以至于从发射端发出的信号经过反射、折射、散射等多种传播路径后，到达接收端的信号往往是幅度和相位各不相同的多个信号的叠加，使得接收到的信号出现严重的衰落变化，甚至不能通信。为了有效地对抗信道衰落，可以采用分集技术。分集技术包括两重含义：分散传输，集中处理。常用的分集方式有空间分集、频率分集、角度分集、极化分集等。

对于发射分集，是指在基站侧利用两根被赋予不同加权系数的天线来发射同一个信号，从而使接收端增强接收效果，改善系统的信噪比，提高数据传输速率。发射分集包括开环发射分集和闭环发射分集。

对于 WCDMA 系统来说，使用的分集技术主要是开环发射分集、闭环发射分集、交织技术和 RAKE 接收技术等。

对于开环发射分集，在 WCDMA 系统中使用了空分发射分集和时间切换发射分集两种方案。它们分别利用空间和时间块进行编码。从基站发出的信号经过相应的编码方案，到达移动台进行接收译码。其主要优点是：基站的发射情况不需要移动台的反馈作为参考，这样就不需要额外的信令开销。

闭环发射分集的工作方式是在下行链路中，基站周期性地发送信号，不同的移动台将接收到的信息反馈给基站，该信息被用来计算对不同移动台的最佳发射权重，从而改善接收效果。这种方式的特点是需要移动台的反馈信息来事先了解需要传输信号的信道的状况。

交织技术就是将一条消息中的相邻比特分开，提取某些特定比特作为传输的对象，在传输过程中即使发生了差错，差错的长度也很小，然后利用相应的编码方案进行纠错。

RAKE 接收技术的基本原理是从发射机发出的信号，经过不同的传输路径到达接收端后，幅度和相位会产生差异，形成多径信号。如果这些多径信号之间的时延大于一个伪码的码片时间，在接收端就可以将这些不同的多径信号区分开，进而利用信号处理技术将这些被分离的信号通过相位校准、幅度加权等方式合并在一起，把干扰信号变成有用信号。

③ 软切换

WCDMA 是频分复用系统，相邻小区之间可以使用相同的频率。同时，在接收端采用分集接收技术，为移动台同时与多个基站通信创造了条件。在这种条件下，移动台在多个基站小区之间进行切换时，就可以采用软切换技术。所谓软切换技术，指的是在切换过程中，移动台在进入新的基站小区时，可以同时保持与原小区和新基站小区的通信连接，没必要立刻断掉与原小区的连接。只有当通话质量满足指标且切换条件成熟时，才断开与原小区的连接。切换时只需要改变相应的扩频码，从而可以有效地提高切换的通话质量，但是它在一定程度上占用了更多的系统资源。

更软切换：指移动台从一个小区中的一个扇区到达另一个具有同一载频的扇区时发生的切换。

下面是几个在软切换过程中常用的名词。

激活集：与终端建立连接通信的小区的集合。在激活集里，小区的个数一般为 3 个。

监测集：由 RNC（Radio Network Controller，无线网络控制器）下发的，在邻区列表中除了激活集以外的小区，终端能够检测到它们的存在。

检测集：除了激活集和监测集以外的小区，终端自己检测到的。

在软切换过程中，会主要涉及 1A、1B 和 1C 事件。它们分别表示激活集的增加、减少和替换，它们是软切换过程重要的组成部分。

图 3-8 所示为软切换过程的示意图。

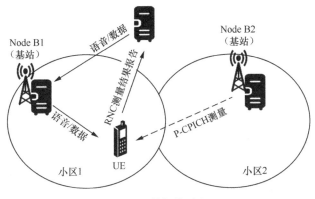

图 3-8　软切换示意

首先，下发测量控制信息给 UE（User Equipment，用户设备），告诉 UE 如何进行测量；其次，UE 在与小区 1 通信的同时，在向小区 2 移动的过程中，测量小区 2 的主公共导频信道的信号强度，并把测得的数据发送给 RNC；接着，根据上报的结果进行相应的判决，当小区 2 满足了软切换算法的要求时，将被加入 UE 的激活集中。UE 可以在小区 1 和小区 2 之间进行软切换。

④ 功率控制

在一个小区范围内，不同的移动终端用户与基站的距离是不一样的。在上行链路中，如果不同的终端以相同的功率发射信号到基站，由于有的终端距离基站远，有的终端距离基站比较近，因此，从终端发射的信号经过不同的路径到达基站后的强度不一样。距离基站近的终端发出的信号到达基站后，信号强度比较强，势必会对距离基站远的终端造成干扰，甚至不能通信，这就是所谓的"远近效应"。"远近效应"严重影响了系统的容量。

同时，由于在 WCDMA 系统中，所有终端都是使用相同的频率，基站只依靠各自的扩频码来区分它们，这就大大增加了出现"远近效应"的可能性。WCDMA 功率控制技术就是为了有效地克服这种效应，实时地控制手机的发射功率，保证可靠的通话质量。

按照移动台和基站的上下行通信方向，功率控制可分为上行功率控制和下行功率控制。上下行功率控制可以有效地节省基站的资源和终端的功率，同时克服"远近效应"和"阴影效应"。

按照功率控制环路的类型，功率控制方式可分为开环功率控制和闭环功率控制，闭环功率控制又可以分为内环功率控制和外环功率控制。

开环功率控制。当移动台有业务发起呼叫时，开环功率控制的任务就是根据接收到的信号的损耗情况，粗略地计算出移动台的发射功率。

内环功率控制。在上下行链路中，基站和移动台之间的内环功率控制依赖于物理层的反馈信息。在上行链路中，基站作为接收端，将会测量接收到的移动台发射信号的 SIR（Signal to Interference Ratio，信号干扰比），若测定的 SIR 值大于 SIR 目标值，基站将会通知移动台降低发射功率。若测定的 SIR 值小于 SIR 目标值，基站将会通知移动台升高发射功率。同理，在下行链路中，控制原理也是如此。

图 3-9 所示为上行内环功率控制示意图。

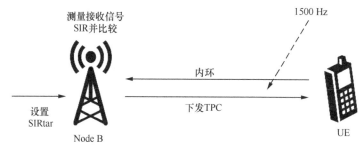

图 3-9   上行内环功率控制示意

外环功率控制。外环功率控制的思想就是在各个无线链路中，为了使通信质量满足系统的要求，需要动态地调整 SIR 的目标值，使其维持在一个稳定的值。在现实生活中，从终端发出的信号，在复杂多变的环境中传播，到达终端后，目标 SIR 的值要进行调整。在每条链路中，根据实际得到的 BLER（误块率）或者 FER（误帧率）与理想目标值进行比较来调整目标信噪比。

3.3.4   TD-SCDMA 系统

针对 TD-SCDMA 系统的特点，采用的关键技术主要包括 TDD 技术、智能天线技术、动态信道分配技术、联合检测技术、功率控制及接力切换技术。

① TDD 技术

TDD 即时分双工，上下行采用相同的频带，用时间来区分上下行。

TDD 的优点如下。

- 不用具有特定双工间隔的成对频段。

- 上下行采用相同频段，可以灵活地配置上下行时隙比例，以达到快速下载数据的要求。

- 上下行使用相同的频率，所以无线传播的环境是对称的，有利于智能天线技术的实现。

- 上下行同频，无须使用射频双工器，可以降低成本。

② 智能天线技术

简单地归纳一下，智能天线技术就是利用 TD-SCDMA（Time Division-Synchronous Code Division Multiple Access，时分同步码分多址）上下行同频的特点，在上下行无线环境基本相同的情况下，通过接收的上行来波方向（DOA）估计出用户所在的方向，使得天线的能量仅指向小区内处于激活状态的移动终端，激活状态的终端在整个小区内处于被跟踪状态。智能天线在形状上分为圆阵（用于全向基站）和线阵（用于定向基站）。从波束上分为多波束智能天线（事先设计好多个方向的固定波束）和自适应天线（能够自动判断移动终端的来波方向），目前所使用的是自适应天线。根据阵元数可分为 4 阵元天线、6 阵元天线和 8 阵元天线。为什么 TD-SCDMA 系统更适合智能天线的使用，以下列出几条理由。

- TDD 模式，上下行无线传播环境对称，根据上行信号可以确定用户方向。

- 单时隙的用户数少（每时隙语音用户最大 8 个），便于实时地自适应权值生成。

- 子帧时间短（5 ms），可以支持高速移动，因为移动系统中要求一个子帧内移动台移动的距离要小于一个波长。

下面看一下智能天线如何估计上行的来波方向，即上行 DOA 估计。

图 3-10 中画了 3 个智能天线阵子，也是各个阵子在空间上接收的来波，两个阵元之间距离为（1/2）λ，而且固定为 0.075 m，3 个阵元接收到的来波时间分别为 t_1、t_2、t_3，波束 1 与波束 3 的信号距离差为 d，θ 即是来波方向。从图 3-11 可知：波束 1 与波束 3 到达的时间差$\Delta t = t_1 - t_3$已知，则 $d = \Delta t v$（光速）可知，$L = \lambda$ 已知，则 $\cos\theta = d/L$ 可以求出，从而通过来波的方向估计出移动终端的方向，

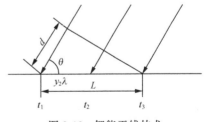

图 3-10　智能天线技术

智能天线的能量会集中在此用户上，但是如果同一个方向上有多个用户同时发送信号怎么办？这就要用到下面介绍的动态信道分配技术。

③ 动态信道分配技术

动态信道分配（Dynamic Channel Assignment，DCA）就是为了接纳更多的用户，

通过系统负荷、干扰、用户空间方向角确定最优的资源分配方案，进行信道的分配及重新调整，降低系统干扰，提高系统容量。

动态信道分配主要分为慢速 DCA（事先确定好时隙转换点）和快速 DCA。而快速 DCA 又分为频域 DCA、时域 DCA、码域 DCA 和空域 DCA。其中频域、时域、码域 DCA 都是根据用户的实际需求选取干扰最小的资源分配给该用户使用。对于空域 DCA，在使用智能天线时提到如果在同一个空间方向（同一波束区域）有多个用户时，就采用空域 DCA 技术将这些用户放到不同的时隙上，同时将空间不同的用户放到同一个时隙上，这样就降低了彼此间的干扰。另外，在对多用户解码的同时解读多个用户的信息时，还要用到联合检测技术。

④ 联合检测技术

在 TD-SCDMA 系统中有多种干扰存在，下面介绍几种干扰。

- ISI：符号间干扰，即码间干扰，因码字间的时延而产生的干扰。
- MAI：多用户之间的干扰，码字之间因不完全正交而产生的干扰。
- 多径干扰：指一个用户的某 2 路信号到达时间间隔大于 1 个码字时产生的干扰（小于 1 个码字时会认为是 ISI）。

为了清晰了解联合检测的作用，这里仍然用开会的例子来说明。因为使用了 CDMA 技术，即各组使用了不同的语言，在 TD-SCDMA 系统里就是给不同的用户分配了不同的码字，为了接收时能分出哪些信息是某个用户的，就用其使用的码字去正交解出此用户的具体信息。有两种检测方法。

- 单用户检测：即每次只用一个用户的码字去正交，一次只能解出一个用户，因为码字不会理想到完全正交，所以其余的用户信息不可能完全消除，只是将其信号强度大大降低了，成为干扰信号。这样，随着用户数的增多，干扰累积会很大，系统的容量受到限制。
- 多用户检测：同时用多个用户的码字去解码，将所有用户一次性解出，将所有的信号都作为有用的信号，这样有效降低了多用户干扰。

联合检测功能可以有效地消除多用户干扰，缓解对功率控制精度的要求。

⑤ 功率控制

多个组在同一个房间里同时开会，控制自己的音量是必不可少的，否则都以自己最大的音量讲话，会议将无法正常进行。功率控制技术是 TD-SCDMA 系统的基础，没有功率控制就没有 TD-SCDMA 系统。

功率控制分为开环功率控制和闭环功率控制。

开环功率控制只在决定接入初始发射功率和切换时决定切换后的初始发射功率时使用，接收机测量接收到的宽带导频信号的功率，并估计传输路径损耗，根据路径损耗计算得到需要发射的功率。

开环功率控制完成后开始进行闭环功率控制，闭环功率控制包括内环控制和外环控制。内环控制是 NodeB 测量接收到的信号的 SIR 值，并将其与设定的 SIRtar 比较，下发 TPC 命令给 UE，UE 根据此命令调整自己的发射功率，此过程只有 UE 和 NodeB 参与。外环功率控制是 RNC 测量传输信道上的 BLER，并将其与设定的 BLERtar 比较，从而设定 SIRtar 并通知 NodeB，NodeB 再下发 TPC 命令给 UE，UE 调整发射功率，此过程 UE、NodeB 和 RNC 都参与。

功率控制的目的：内环功控是使信号到达接收端刚好能够解调。而外环功控不但要解调还要保证一定的 SIR、BLER。

⑥ 接力切换技术

大家都已经熟悉 GSM 的硬切换及 WCDMA 的软切换过程，下面将接力切换与它们的区别进行简单的描述，以接力跑为例。

硬切换：先断后连，第一人到达接棒地点后，将棒放下等待接棒的人，但有保护时间，在此时间内若对方仍没有接到棒而且第一人没能再次拿起，则掉话。

软切换：先连后断，到达接棒地点两个人同时拿着棒跑，持续一段时间后第一人放开。

接力切换：到达接棒地点时，第一人不能站立不动，要拿着棒陪跑一段，等到两个人的速度接近，即预同步后，棒才能稳定地传递过去，降低掉话的概率。

接力切换包括无线测量、网络判决和系统执行的过程。接力切换之所以能够预同步，就是利用智能天线获取 UE 的位置和距离信息，在切换测量期间，采用上行预同步技术，提前获取切换后的上行信道发送时间、功率信息，从而达到减少切换时间、提高切换成功率、降低切换掉话率的目的。

3.4　第四代移动通信系统

3.4.1　概述

3G 系统存在的多种局限性，推动了人们对下一代移动通信系统——4G 的研究和期待。第四代移动通信系统可称为广带接入和分布式网络，采用的是全 IP 的网络结构。4G 网络采用许多关键技术来支撑，包括正交频分复用技术、多载波调制技术、自适应调制与编码（Adaptive Modulation and Coding，AMC）技术、MIMO（Multiple Input Multiple Output，多输入多输出）和智能天线技术、基于 IP 的核心网技术、软件无线电技术以及网络优化和网络安全技术等。另外，需要用网关建立与传统网络的互联，所以 4G 是一个复杂的多协议网络。

第四代移动通信系统具有如下特征。

- 传输速率更快：对于大范围高速移动的用户（250 km/h）数据速率为 2 Mbit/s；对于中速移动用户（60 km/h）数据速率为 20 Mbit/s；对于低速移动用户（室内或步行者），数据速率为 100 Mbit/s。

- 频谱利用效率更高：4G 在开发和研制过程中使用和引入了许多功能强大的突破性技术，无线频谱的利用比第二代和第三代系统有效得多，而且速度相当快，下载速率可达到 5～10 Mbit/s。

- 网络频谱更宽：每个 4G 信道占用 100 MHz 或更多的带宽，而 3G 网络的带宽则在 5～20 MHz 之间。

- 容量更大：4G 采用新的网络技术（如空分多址技术等）来极大地提高系统容量，以满足未来大信息量的需求。

- 灵活性更强：4G 系统采用智能技术，可自适应地进行资源分配，采用智能信号处理技术对信道条件不同的各种复杂环境进行信号的正常收发。另外，用户可使用各式各样的设备接入到 4G 系统。

- 实现更高质量的多媒体通信：4G 网络的无线多媒体通信服务包括语音、数据、影像等，大量信息通过宽频信道传送出去，让用户可以在任何时间、任何地点接入系统中，因此 4G 也是一种实时的、宽带的、无缝覆盖的多媒体移动通信。

- 兼容性更好：4G 系统具备全球漫游、接口开放、能跟多种网络互联、终端多样化以及能从第二代平稳过渡等特点。

- 通信费用更加便宜。

3.4.2 关键技术

1. OFDM 技术

OFDM 的实质是一种多载波调制技术，具有很高的频谱利用率，它把频段划分成多个正交的子信道，其频谱框图如图 3-11 所示。

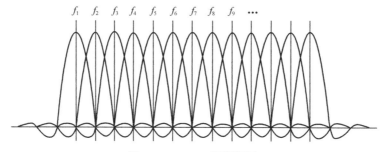

图 3-11 OFDM 频谱框图

OFDM 具有高数据传输能力，其工作过程可总结为：速率高的串行数据流经过串并转换，转换成数据速率低的数据流，然后将这些数据流映射到各个子载波上，同时 OFDM 通过 IFFT/FFT 变换实现调制与解调。由于系统复杂度不高，所以 OFDM 成为 LTE 的关键技术之一。

图 3-12 所示为整个 OFDM 系统原理框图，比特流数据经过数字调制后，经过 IFFT 变换，再加入循环前缀（Cyclic Prefix，CP），构成完整的发射信号，再将发射信号经过一个成型滤波器后，发送至信道，则发端流程完成。接收端是发送端的逆过程，将经过信道的信号经过接收滤波器，而后将循环前缀去除，再进行 FFT 变换，最终进行数字解调得到比特流数据。

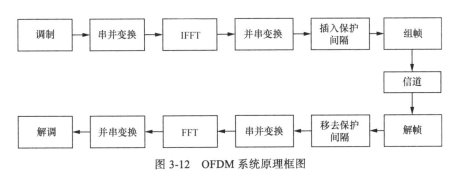

图 3-12　OFDM 系统原理框图

2. MIMO 技术

MIMO 技术即多输入多输出技术，这种技术是通过多发射以及多接收天线对空间进行有效分集（见图 3-13）。MIMO 技术利用的是分立式天线，可以将通信链路进行有效分解，从而分散成一个个并行的子通道，进而提高信号传输的容量。信息论研究表明，当接收天线和发射天线互不相同且无关联时，MIMO 系统的抗衰落以及抗噪声性能都会得到大幅提升，进而得到较为庞大的容量。举例来说，接收天线的数目是 8 根，发送天线的数目是 8 根，并且两种天线的平均信噪比是 20 dB 时，链路容量超过了 40 bit/（s·Hz），而单天线系统仅为此链路容量的 1/40。所以，一旦无线信道中功率、带宽受到其他因素的影响或限制，采用 MIMO 技术就能够很好地解决，不仅能够提高数据传输的速率，增加系统容量，还能有效增强传输的质量。

3. LTE 系统

（1）概述

LTE 是英文 Long Term Evolution 的缩写，也被通俗地称为 3.9G，具有 100 Mbit/s 的数据下载能力，该技术以 OFDM/FDMA 为核心，被视作从 3G 向 4G 演进的主流技术。

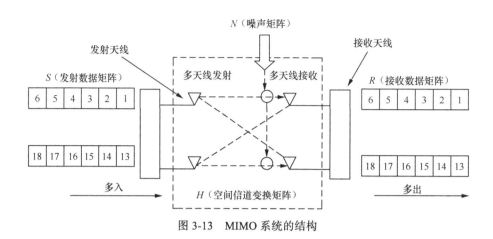

图 3-13 MIMO 系统的结构

LTE 无线系统架构由 EPC 和 E-UTRAN 两部分组成（见图 3-14），其中 EPC 是基于系统架构演进（System Architecture Evolution，SAE）的核心网技术，由移动性管理实体（Mobility Management Entity，MME）、服务网关（Serving GateWay，S-GW）、分组数据网关（PDN GateWay，P-GW）、归属用户服务器（Home Subscriber Server，HSS）等网元组成。EPC 的结构变化在于它不包括电路交换，EPC 和现有的 3GPP 网络的核心网分组域等价，但是很多节点的结构、功能划分都有了很大的变化。E-UTRAN 是一个单层结构，由 eNode B 组成。相比于 2G 接入网和 3G 接入网，LTE 的无线接入网删除了 RNC 节点，eNode B 负责所有的无线功能。这种结构的优点在于简化网络、减小时延。IP 连接层也可以叫作 EPS，由移动台、E-UTRAN 和 EPC 构成。EPS 的主要功能是提供基于 IP 的连续性，其所有业务都只用 IP 的方式来支持，所以 LTE 系统中没有电路交换节点和接口。业务连接层通过 IMS 提供服务。

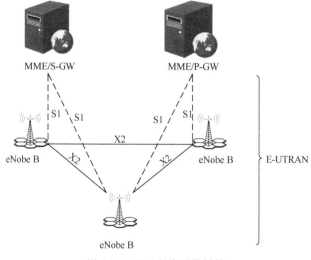

图 3-14 LTE 的扁平化结构

eNode B 之间通过 X2 接口相连。X2 接口可以同时管理和调度多个小区的无线资源，且可以作为邻区间的数据通道以具备无损移动的支撑能力。LTE 无线接入网络通过简化的网络架构，使得系统的传输响应大大降低。

（2）LTE TDD 与 LTE FDD 的对比

LTE 系统定义了频分双工（FDD）和时分双工（TDD）两种双工方式。FDD 是指在对称的频率信道上接收和发送数据、通过保护频段分离发送和接收信道的方式。TDD 是指通过时间分离发送和接收信道、发送和接收使用同一载波频率不同时隙的方式。时间资源在两个方向上进行分配，因此基站和移动台必须协同一致地工作。

TDD 方式和 FDD 方式相比有一些独特的技术特点：能灵活配置频率，利用 FDD 系统不易使用的零散频段；TDD 方式不需要使用对称频段，频谱利用率高；具有上下行信道互易性，能够更好地采用传输预处理技术，如预 RAKE 技术、联合传输（Joint Transmission，JT）技术、智能天线技术等，能有效地降低移动终端的处理复杂性。

但是，TDD 方式相较于 FDD 方式，也存在明显的不足：TDD 方式的时间资源在两个方向上进行分配，因此基站和移动台必须协同一致地工作，对于同步要求高，系统较 FDD 复杂；TDD 系统上行受限，因此 TDD 基站的覆盖范围明显小于 FDD 基站；TDD 系统收发信道同频，无法进行干扰隔离，系统内和系统间存在干扰；另外，TDD 对高速运动的终端的支持力度不够。

4．WiMAX 系统

宽带无线接入技术也被列入 4G 的关键技术之一，IEEE 802.16 是为制定无线城域网标准而专门成立的工作组，其目的是建立一个全球统一的宽带无线接入标准。IEEE 802.16 标准定义了无线城域网（WMAN）空中接口规范。这一无线宽带接入标准可以为无线城域网中的"最后一公里"连接提供缺少的一环。目前，对于许多家用及商用客户而言，通过有线的宽带接入会面临一定困难。相比较而言，无线宽带部署速度更快，扩展能力更强，灵活度更高，因而能够为那些无法享受到或不满意其有线宽带接入的客户提供服务。通过使用可支持大面积城域网接入的 IEEE 802.16 标准设备，无线服务的部署可随着更多无线基站的建立而快速完成。

（1）IEEE 802.16 工作组

IEEE 802.16 是 IEEE 802 LAN/MAN 的一个工作组，成立于 1999 年，主要负责开发工作在 2～66GHz 频带的无线接入系统空中接口物理层（Physical Layer，PHY）和媒质接入控制层（MAC）规范，同时还负责与空中接口协议相关的一致性测试以及不同无线接入系统之间共存的规范，涉及 MMDS（Multichannel Multipoint Distribution Service，多路多点分配业务）、LMDS（Local Multipoint Distribution Service，本地多点分配业务）

等技术。它由 3 个工作小组组成，每个工作小组负责不同的方向：IEEE 802.16.1 负责制定频率为 10～60 GHz 的无线接口标准；IEEE 802.16.2 负责制定宽带无线接入系统共存方面的标准；IEEE 802.16.3 负责制定频率在 2～10 GHz、获得频率使用许可权，可应用的无线接口标准。IEEE 802.16 工作组制定用户的收发信机与基站收发信机之间的无线接口，协议标准按照 3 层体系结构组织。

物理层：3 层结构中的最低层，该层的协议主要是关于频率带宽、调制模式、纠错技术以及发射机同接收机的同步、数据传输速率和时分复用结构等方面。

数据链路层：在物理层之上，该层主要规定了为用户提供服务所需的各种功能。这些功能都包括在媒质访问控制层中，主要负责将数据组成帧的格式传输以及对用户接入共享的无线介质中的方式进行控制。

汇聚层：在媒质访问控制层之上，该层根据所提供服务的不同相应地提供不同的功能。该层也可以归到数据链路层上。

（2）IEEE 802.16 系列标准

IEEE 802.16 标准系列主要包括 IEEE 802.16、IEEE 802.16a、IEEE 802.16c、IEEE 802.16-2004、IEEE 802.16e-2005、IEEE 802.16f 和 IEEE 802.16g 共 7 个标准。根据是否支持移动特性，IEEE 802.16 标准可分为固定宽带无线接入空中接口标准和移动宽带无线接入空中接口标准。其中，IEEE 802.16、IEEE 802.16a 和 IEEE 802.16-2004 属于固定无线接入空中接口标准；IEEE 802.16e-2005 属于移动宽带无线接入空中接口标准。各标准的说明如表 3-1 所示。

表 3-1　IEEE 802.16 相关标准体系

类别	标准序号	标准名称	技术说明	发布时间
空中接口标准	IEEE 802.16-2001	IEEE 局域网和城域网标准第 16 部分——固定宽带无线接入系统的空中接口	IEEE 802.16 规定了多业务点对多点宽带无线接入系统的空中接口，包括 MAC 层和物理层，点到多点拓扑结构，还包括一个特殊的物理层实现方案，该方案可以广泛应用于 10～66 GHz 的各种系统	2002.4
	IEEE 802.16a	IEEE 局域网和城域网标准第 16 部分——固定宽带无线接入系统的空中接口——MAC 修改和 2～11 GHz 附加物理层规范	在 2～11 GHz（包括许可带宽和免许可带宽）的频段上，对 MAC 层进行修改扩展和对物理层进行补充规范，并结合了 ARQ（自动重传请求）等增强性能的技术	2003.1
	IEEE 802.16c	IEEE 局域网和城域网标准第 16 部分——固定宽带无线接入系统的空中接口——10～66 GHz 详细系统介绍	IEEE 802.16c 对 IEEE 802.16.2-2001 中的错误和矛盾进行了改正，更新扩展了 IEEE 802.16 的部分内容，列出了用于典型情况下的特征功能集合。其频率适用范围为 10～66 GHz	2002.12

续表

类别	标准序号	标准名称	技术说明	发布时间
空中接口标准	IEEE 802.16d	IEEE 局域网和城域网标准第 16 部分——固定宽带无线接入系统的空中接口——2～11 GHz 详细系统介绍	IEEE 802.16d 的目的同 IEEE 802.16c 一样，只不过频率适用范围为 2～11 GHz	2004.5
	IEEE 802.16e	IEEE 局域网和城域网标准第 16 部分——固定宽带无线接入系统的空中接口的修正——低于 6 GHz 许可带宽的移动业务的物理层和 MAC 层修改	IEEE 802.16e 是对 IEEE 802.16 与 IEEE 802.16a 的增强，支持用户站以车载速度移动，规定了一个系统结合固定和移动宽带无线接入，以及在基站或扇区之间支持高层切换的功能，它适用于 2～6 GHz 许可带宽的移动业务	2005
共存问题标准	IEEE 802.16.2-2001	IEEE 局域网和城域网操作规程建议固定宽带无线接入系统的共存	10～66 GHz 固定宽带无线接入系统的共存	2001.9
	IEEE 802.16.2a	对 IEEE 802.16.2 的修改	IEEE 802.16.2a：2～11 GHz 许可带宽的系统共存	2003.4
一致性标准	IEEE 802.16.1	IEEE 802.16 一致性标准第一部分：10～66 GHz 无线 MAN2SC 空中接口的协议实现一致性说明（PICS）形式	10～66 GHz 无线 MAN2SC 空中接口的协议实现一致性说明（PICS）形式	2003.6
	IEEE 802.16.2	IEEE 802.16 一致性标准第二部分：10～66 GHz 无线 MAN2SC 空中接口的测试集结构和测试目的（TSS&TP）	10～66 GHz 无线 MAN2SC 空中接口的测试集结构和测试目的（TSS&TP）	

（3）WiMAX 系统关键技术

WiMAX 系统可以提供数据、语音、视频各类服务，这与支撑它的关键技术密不可分。这些支撑技术主要包括正交频分复用（OFDM/OFDMA）技术、自适应天线系统、自适应编码调制技术、快速资源调度技术等。

① OFDM/OFDMA 技术

WiMAX 支持单载波和 OFDM/OFDMA 三种物理层结构。其中，OFDM/OFDMA 技术具有抗衰落、抗多径能力强，频谱效率高（码速率最高可达 100 Mbit/s）以及成本低等优点，被认为是特别适合移动通信系统的一种技术。

通过指定每个用户使用 OFDM 所有子载波中的一个（或一组），就得到了一种新的多址方式——OFDMA。OFDMA 类似于常规的频分复用（FDMA），但它不需要 FDMA 中必不可少的保护频带，从而避免了频带的浪费，提高了系统容量。此外，OFDMA 的分配机制非常灵活，它可以根据用户业务量的大小动态分配子载波的数量（与 TDMA 中动态分配时隙数相似），并且可以在不同的子载波上使用不同的调制制式及发射功率，因而可以达到很高的频谱利用率。OFDM/OFDMA 技术作为 4G 移动通信系统关键技术之一，已经得到业界普遍共识。

② 多天线技术

宽带无线接入系统的一个主要先决条件就是能够在保持高性能运行状态的同时，可以在视距（Line of Sight，LOS）与非视距（Non Line of Sight，NLOS）条件下正常运行。WiMAX 支持各种多天线技术，主要可分为 3 类：自适应波束成型技术、空间分集技术与空间复用技术。

③ 链路自适应技术

除了以 OFDM/OFDMA 及多天线为代表的先进物理层技术，在 WiMAX 的 MAC 层还采用了一系列先进技术，确保系统性能：WiMAX 采用自动重传请求（Automatic Repeat reQuest，ARQ）和混合自动重传请求（Hybrid Automatic Repeat Request，HARQ）机制来快速应答和重传纠错；采用了自动功率控制技术来降低信道间干扰；采用了自适应调制编码技术来提高传输速率。

④ 面向连接的 MAC 层协议及 QoS 服务

WiMAX 采用时分多址方式，可以是 TDD 模式或 FDD 模式。其 MAC 层提供面向连接的业务。这种方式将数据包分成业务流，业务流通过逻辑链路传送。WiMAX 系统定义了业务流的服务质量参数集、提供面向链接的 QoS 保障。WiMAX 支持固定速率、实时可变比特率（Variable Bit Rate，VBR）、非实时可变比特率、尽力而为 4 种业务类型，这种差异化服务可以很好地提供 QoS 服务。

⑤ 动态带宽分配

在 TDMA+OFDM/OFDMA 多址方式下工作，WiMAX 可按用户需要动态分配传输带宽，在多用户、多业务的情况下提高了频谱和设备的利用率。

⑥ 安全性保障

为增强无线传输系统安全性，IEEE 802.16 在 MAC 层中定义了一个保密子层来提供安全保障。保密子层主要包括两个协议：数据加密封装协议和密钥管理协议。

总之，WiMAX 技术具备传输距离远、数据速率高、数据和语音等业务质量高、受地理环境等客观条件限制少等优势，在移动固定融合领域将成为一种技术补充手段。

3.5　第五代移动通信系统

3.5.1　概述

第五代移动通信系统（5G）是 4G 的延伸技术。自第二代蜂窝系统以来，峰值速率一直是信号处理技术性能中的重要指标。而 2G、3G 和 4G 每一代的研发大概都需要经历 10

年的周期，2020 年是 5G 的商用元年。对比 4G，5G 通信拥有更高的能效、更稳定快速的网络连接、更大的资源利用率以及更快的传输速率。目前，4G 面临最大的问题是由于技术以及设备的限制导致 4G 的传输速率最高仅为 75 Mbit/s，而 5G 运用 64 个天线单元自适应阵列传输技术可以满足未来流量增加 1000 倍以上的用户需求。

自从 4G 网络推广以来，4G 的核心技术也逐渐被与通信有关的行业从业者所熟知，如 LTE、XLTE 等。从 3G 到 4G 最明显的区别就是速度的提升，4G 使得下载速率得到了质的飞跃，而 5G 则使下载以及上行速率变得更快，同时也实现了更为稳定的网络连接。

因此，5G 技术的发展与研究将着眼于以下方面。

- 5G 技术最主要的特点是更关注用户体验，实现网络的广域覆盖功能。如果 4G 技术与 3G 技术相比最重大的突破是速率的话，那么 5G 技术与 4G 技术相比最重大的突破就是无处不在的强大连接功能。使用户无论身处何方，无论使用什么设备，都可以迅速连接网络。

- 其次，5G 还具有低功耗的优点。众所周知，4G 尽管速率上相比 3G 有大幅度提升，但是对于手机电池的要求也大大增加。而目前不仅是手机可以连接上网，可佩戴式的智能手表、智能手环也开始出现在人们的视野中，这些设备所重视的并不是传输速率，而是耗电量。对于低功耗的需求将会带动其他智能设备的研发。

- 热点区域高容量也是 5G 技术发展的重要研究方向。该特点的实现可成功解决 4G 技术在流量需求大时传输速率大幅度下降的问题。同时，在人口密度大的地方运用此技术也可以使传输速率平均分配，不会出现卡顿以及消息滞后的情况。

- 5G 技术的低时延特点主要面向对时延及可靠性要求高的垂直行业，目前 5G 时延达到 1 ms 且稳定度和可靠性超过 99.999%，传输速率达到 1 Gbit/s。

- 更好的端到端性能。如何改善端到端性能也是 5G 目前面临的重要问题。由于智能设备的某些程序需要不停地运行，设备就会持续不断地向搜索信息的服务器发送信息请求，确保时时保持连接。但是这样就会使端到端性能变差，使得信息发送以及下载变得迟滞。

3.5.2 关键技术

下面介绍 5G 通信网络的关键技术，包括大规模 MIMO 技术、毫米波通信技术以及 D2D 通信技术以及双工技术。

1．大规模 MIMO 技术

大规模 MIMO 技术是 5G 最关键的技术之一，更是提升频谱效率最重要的技术之一。所谓大规模 MIMO 技术也称为大型天线系统，是在 4G 基础上由最多 8 根天线达到最多数百至数千根服务天线的使用，该技术可使基站的多个用户实现同时的即时通信。额外的天线有助于把信号能量传输和接收整合到一个很小的空间，这使得在调度大量用户终端的同时获得巨大的吞吐量和改善能源效率。大规模 MIMO 技术最初的设想是用于时分双工（TDD），但也可以用于频分双工（FDD）。大规模 MIMO 技术的优点还包括其使用的元件廉价且低功耗、可以减少时延。但是，在大规模 MIMO 技术上也有一些新的问题需要关注。例如，如何将大量低成本、低精度的部件有效地结合在一起，终端如何分配新的资源，怎样开发额外的天线用来提供服务以及如何降低内部功耗实现总能源效率的提升等。

2. 毫米波通信技术

毫米波通常指频段在 30～300 GHz，相应波长为 1～10 mm 的电磁波，它的工作频率介于微波与远红外波之间，因此兼有两种波谱的特点。毫米波的理论和技术分别是微波向高频的延伸和光波向低频的发展。

毫米波由于其频率高、波长短，具有如下特点。

- 频谱宽，配合各种多址复用技术的使用可以极大提升信道容量，适用于高速多媒体传输业务；
- 可靠性高，较高的频率使其受干扰很少，能较好地降低雨水天气的影响，提供稳定的传输信道；
- 方向性好，毫米波受空气中各种悬浮颗粒物的吸收较大，使得传输波束较窄，增大了窃听难度，适合短距离点对点通信；
- 波长极短，所需的天线尺寸很小，易于在较小的空间内集成大规模天线阵。

目前，贝尔实验室（中国）通过在毫米波波段上使用大规模 MIMO 技术（多输入多输出技术），实现了显著的容量改善及相关效率的提升。通过峰值传输速率超过 50 Gbit/s 的原型机，贝尔实验室中国在 28 GHz 毫米波频段上成功实现了高达 100 bit/（s·Hz）的频谱效率，其传输速率可以让用户使用网络下载变得更为快捷，仅仅几秒就能达到几百兆的数据传输。毫米波通信技术的实现为未来实现可触式互联网、低时延的虚拟现实以及 3D 等应用的研究提供了新的发展方向。

3. D2D 通信技术

在 5G 技术中，D2D 通信简单来说就是设备间的通信，其目的在于提高用户体验以及提升用户的使用质量。D2D 最早是用来解决蜂窝网络中数据传输所造成的流量大幅度增长的问题。从 2013 年起，由于 5G 的兴起，业界开始着重对 D2D 通信技术进行了研究。现在，D2D 技术已经成为 4G 和 5G 的关键技术之一。目前，D2D 技术的发展也从初期需要基站来协调建立 D2D 通信，发展到可以由基站协调或者基站完全不参与的程度。国内外很多研究者也开始研究如何利用 D2D 设备作为中继，使不在基站覆盖范围内的设备也可以直接接入蜂窝网络。相比于蓝牙和 Wi-Fi 等技术，D2D 通信的优势是其工作在蜂窝系统的频段，即使通信双方增加了通信距离后仍能保证用户的体验质量。同时，D2D 通信也可以实现高于其他传输设备的传输速率以及相对较低的时延性，D2D 通信相比耗电较大的 Wi-Fi，具有较低的功耗。目前，D2D 通信主要采取广播、多播、单播 3 种形式，因此其与蜂窝移动网络相比更难调度，也更为复杂，这是目前亟待解决的问题。

相比于蓝牙，D2D 通信距离更长、更稳定。蓝牙不仅需要用户手动设置终端的配对密钥，而且工作频段是非授权频段，通信质量不高也不稳定。可想而知，D2D 通信技术将会在 5G 时代占据十分重要的角色，为大量终端建立大规模的移动网络以及多种通信业务的实现提供支持。

4. 双工技术

移动通信系统存在两种双工方式，即频分双工（Frequency Division Duplexing，FDD）和时分双工（Time Division Duplexing，TDD）。FDD 系统的接收和发送采用不同的频带，而 TDD 系统在同一频带上使用不同的时间进行接收和发送。

在实际应用中，两种制式各有自己的优势。和 TDD 相比，FDD 具有更高的系统容量、上行覆盖更大、干扰处理简单等优势，同时不需要网络的严格同步；然而 FDD 必须采用成对的收发频带，在支持上下行对称业务时能够充分利用上下行的频谱，但在支持上下行非对称业务时，FDD 系统的频谱利用率将有所降低。5G 网络将以用户体验为中心，实现更为个性化、多样化的业务应用。

随着在线视频业务的增加，以及社交网络的推广，未来移动流量呈现出多变特性：上下行业务需求随时间、地点而变化，现有通信系统采用相对固定的频谱资源分配方式，无法满足不同小区变化的业务需求。针对 5G 多样的业务需求，灵活频带技术可以实现灵活双工，以促进 FDD/TDD 双工方式的融合。

灵活双工能够根据上下行业务的变化情况动态分配上下行资源，有效提高系统资源的利用率。根据其技术特点，灵活双工技术可以应用于低功率的小基站，也可以应用于低功率的中继节点。

灵活频带技术将 FDD 系统中部分上行频带配置为"灵活频带"。在实际应用中，根据网络中上下行业务的分布，将"灵活频带"分配为上行传输或下行传输，使得上下行频谱资源和上下行业务需求相匹配，从而提高频谱的利用率。

本章小结

本章首先介绍了移动通信网络的发展进程，之后详细阐述了第二代移动通信至第五代移动通信的各种典型制式，包括 GSM、IS-95 CDMA、cdma2000、WCDMA、TD-SCDMA、LTE、5G NR 等移动蜂窝通信系统，最后对每种系统的关键技术进行了简单介绍。

本章习题

1. 第二代数字无线标准包括了_____等，它们都是_____系统。

A. GSM、D-AMPS、PDC 和 IS-95 CDMA；窄带

B. GSM、D-AMPS、PDC 和 IS-95 CDMA；宽带

C. GSM、D-AMPS、PDC 和 cdma2000 1x EV-DO ；窄带

D. GSM、D-AMPS、PDC 和 cdma2000 1x EV-DO ；宽带

2. 下列关于第三代移动通信网及其关键技术说法不正确的是（　　）。

A. 3G 又名 IMT-2000

B. WCDMA 是一个 ITU 标准，它是从 CDMA 演变来的，从官方看被认为是 IMT-2000 的直接扩展

C. 按照功率控制环路的类型，功率控制方式可分为开环功率控制和闭环功率控制，开环功率控制又可以分为内环功率控制和外环功率控制

D. 3G 是由国际电信联盟（ITU）率先提出并负责组织研究的、采用宽带码分多址（CDMA）数字技术的新一代通信系统

3. 第四代移动通信系统与前两代移动通信系统相比的提升不包括（　　）。

A. 高可靠、低时延　　　　　　　　B. 容量更大

C. 传输速率更快　　　　　　　　　D. 实现更高质量的多媒体通信

4. 下列哪项技术是只应用在第五代移动通信网而没有在 1G～4G 中应用过的？

A. MIMO 技术　　　　　　　　　　B. 毫米波通信技术

C. 双工技术　　　　　　　　　　　D. 多址技术

5. FDD 系统是_____，而 TDD 系统是_____。

A. 在同一频带上使用不同的时间进行接收和发送；在同一频带上使用相同的时间进行接收和发送

B. 在同一频带上使用不同的时间进行接收和发送；接收和发送采用不同的频带

C. 接收和发送采用不同的频带；在同一频带上使用不同的时间进行接收和发送

D. 在同一频带上使用相同的时间进行接收和发送；在同一频带上使用不同的时间进行接收和发送

6. 请分别解释硬切换和软切换。

第4章

IP网络技术

▶ 学习目标

理解 TCP/IP 网络的基础知识；理解 IP 地址的含义并掌握 IP 路由的基本原理；掌握多种路由协议的工作原理。

▶ 本章知识点

（1）TCP/IP 与 OSI 参考模型

（2）IP 协议簇以及各协议与 TCP/IP 分层的对应

（3）IP 地址的定义和分类

（4）IP 路由表的应用方法和路由器转发数据的 3 项原则

（5）RIP 协议和 OSPF 协议的内容和特点

▶ 内容导学

IP 网络技术是整个计算机网络的基石，是我们能够实现通过手机、电脑连接到因特网的基础。IP 地址保障了通信的正常进行，而路由控制则保障了数据包能传送至正确的目的主机，流向正确的方向。

在学习本章内容时，应重点关注以下内容。

（1）理解 TCP/IP 协议簇的基本组成和具体含义

TCP/IP 是当今计算机网络界使用最为广泛的协议，TCP/IP 参考模型和 OSI 参考模型是研究人员为方便对网络体系架构的研究而设计出的两种网络分层的方法。自 TCP/IP 诞生以来的各种协议都可以对应到 OSI 参考模型当中，如果了解了这些协议分属 OSI 的哪一层，就能对该协议的目的有所了解，然后要了解每个协议的具体技术要求就可以参考相应的规范。TCP/IP 的各项协议是保障网络通信能够正常进行的基础，也是数据能够在网络间顺畅流通的法则。

（2）理解 IP 地址的含义并掌握 IP 路由的基本原理

IP 地址是用来识别网络上的设备，因此，IP 地址是由网络地址与主机地址两部分组成。网络地址位于 IP 地址的前段，可以用来识别设备所在的网络。而主机地址位于 IP 地址的后段，可用来识别网络上的设备。

为了帮助路由器了解到达目的地的路径，通常，路由器使用多种机制来发现路由和构建路由表。路由器用于发现路由的方法包括直接连接的网卡、默认路由、动态路由方法和静态路由方法。

（3）掌握 RIP 和 OSPF 两项路由协议的内容，知道二者的相似处与差异点。

路由信息协议（Routing Information Protocol，RIP）是内部网关协议中应用最广泛的一种协议，它是一种分布式的、基于距离向量的路由选择协议，其特点是协议简单。适用于相对较小的自治系统，它们的直径"跳数"一般小于 15。开放式最短路径优先（Open Shortest Path First，OSPF）协议是一个内部网关协议，用于在单一自治系统内决策路由。与 RIP 相对，OSPF 是链路状态路由协议，而 RIP 是距离向量路由协议。OSPF 通过路由器之间通告网络接口的状态来建立链路状态数据库，生成最短路径树，每个 OSPF 路由器使用这些最短路径构造路由。

4.1 TCP/IP 网络基础

4.1.1 发展背景

目前，在计算机网络领域中，TCP/IP 协议使用范围最广。下面简单介绍一下计算机网络和 TCP/IP 技术的发展史。

1. 从军用技术的应用谈起

20 世纪 60 年代，很多大学和研究机构都开始着力于新的通信技术，其中便包括了美国国防部（The Department of Defense，DoD）。美国国防部认为研发新的通信技术对于国防、军事有着举足轻重的作用，并且美国国防部希望在通信传输的过程中，即使遭到了敌方的攻击和破坏，也可以经过迂回线路实现最终的通信，保证通信不中断。如图 4-1 所示，对于中央集中式网络来说，倘若处于中心位置的中央节点遭到攻击，整个网络的通信传输都会受到影响。然而，图 4-2 所示的网络呈现出由众多迂回线路所组成的分布式通信，即便在某一处受到攻击，也会在迂回线路的极限范围内始终保持通信无阻（分布式网络的概念于 1960 年由美国 RAND 研究所的 Paul Baran 提出）。为了实现这种类型的网络，分组交换技术便应运而生。分组交换技术之所以受关注，不仅是因为它在军工防卫方面的应用，还在于这种技术本身的一些特征。它可以使多个用户同一时间共享一条通信线路进行通信，从而提高了线路的使用效率，也降低了搭建线路的成本（通过分组交换技术实现的分组通信，是在 1965 年由英国国家物理实验室的 Donald Davies 提出的）。到了 20 世纪 60 年代后期，已有大量研究人员投身于分组交换技术和分组通信的研究。

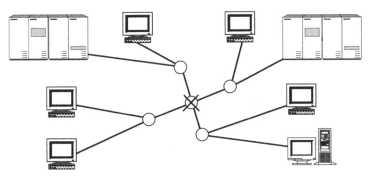

图 4-1　容灾性较弱的中央集中式网络

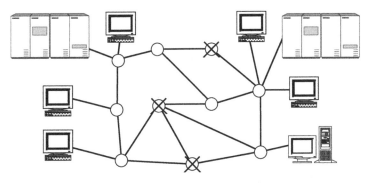

图 4-2　容灾性较强的分组网络

2. ARPANET 的诞生

1969 年，为验证分组交换技术的实用性，研究人员搭建了一套验证网络。起初，该网络只连接了美国西海岸的 4 个节点（这 4 个节点分别是加州大学洛杉矶分校、加州大学圣巴巴拉分校、斯坦福大学和犹他大学）。之后，普通用户也逐渐加入其中，发展成了后来规模巨大的网络——阿帕网（Advanced Research Projects Agency Network，ARPANET），也就是如今全球互联网的鼻祖。阿帕网的实验及其协议的开发，是由美国国防部高级研究计划署（Defense Advanced Research Projects Agency，DARPA）资助的。在短短 3 年内，ARPANET 从曾经的 4 个节点迅速发展成为 34 个节点的超大网络。研究人员的实验获得了前所未有的成功，并以此充分证明了基于分组交换技术的通信方法的可行性。

3. TCP/IP 的诞生

ARPANET 的实验，不仅利用了几所大学与研究机构组成的主干网络进行分组交换，还包含了在互连计算机之间提供可靠传输的综合性通信协议。于是在 20 世纪 70 年代初，ARPANET 中的一个研究机构研发出了 TCP/IP。在这之后，直到 1982 年，TCP/IP 的具体规范才被最终定下来（见表 4-1），并于 1983 年成为 ARPANET 网络唯一指定的协议。

表 4-1 TCP/IP 的发展

年份	事件
20 世纪 60 年代	应 DoD 的要求，美国开始进行通信相关技术的研发
1969 年	ARPANET 诞生。开发分组交换技术
1972 年	ARPANET 取得初步成功。扩展到 50 个节点
1975 年	TCP/IP 诞生
1982 年	TCP/IP 规范出炉。UNIX 最早开始实现 TCP/IP 协议
1983 年	ARPANET 决定正式启用 TCP/IP 为通信协议
1989 年左右	局域网上的 TCP/IP 应用迅速扩大
1990 年左右	不论是局域网还是广域网，都倾向于使用 TCP/IP
1995 年左右	互联网开始商用，互联网服务供应商的数量剧增
1996 年	IPv6 规范出炉，载入征求意见稿（后于 1998 年修订）

4. UNIX 系统的普及与互联网的扩张

对于 TCP/IP 的产生，ARPANET 起到了举足轻重的作用。然而，ARPANET 网络建成之初，由于其节点个数的限制，TCP/IP 的应用范围也受到一定的限制。1980 年左右，ARPANET 中的很多大学与研究机构开始使用一种叫作 BSD UNIX 的操作系统。由于 BSD UNIX（美国加州大学伯克利分校开发的免费的 UNIX 系统）实现了 TCP/IP，所以在 1983 年，TCP/IP 被 ARPANET 正式采用。同年，Sun Microsystems 公司也开始向一般用户提供实现了 TCP/IP 的产品。

20 世纪 80 年代不仅是局域网快速发展的时代，还是 UNIX 工作站迅速普及的时代，同时也是通过 TCP/IP 构建网络最为盛行的时代。许多大学和研究机构逐渐开始将 ARPANET 连接到 NSFNet。此后，基于 TCP/IP 而形成的世界性范围的网络——互联网（Internet）便诞生了。以连接 UNIX 主机的形式连接各个终端节点，这一主要方式使互联网得到了迅速普及。而作为计算机网络主流协议的 TCP/IP，它的发展也与 UNIX 密不可分。到了 20 世纪 80 年代后期，那些"各自为政"地开发自己通信协议的网络设备供应商，也陆续开始"顺从"于 TCP/IP 的规范，制造兼容性更好的产品以便用户使用。

5. 商用互联网服务的启蒙

研发互联网最初的目的是用于实验和研究，直到 1990 年，互联网才逐渐被引入公司、企业及一般家庭，人们对拨号上网的要求越来越高，希望个人之间也都能够通过计算机实现通信。然而，个人电脑通信只能为有限的用户提供服务，而且多台电脑进行通信时的操作方法又存在变化，这给人们带来了一定的不便。于是，面向公司、企业和一般家庭提供专门互联网接入服务的、具有商用许可（NSFnet 被禁止商用）的互联网服务提供商（Internet Service Provider，ISP）便出现了。这时，由于 TCP/IP 已长期应用于研究领域，人们积累了丰富的经验，面对这样一种成熟的技术，人们当时对于它的商用价值充满期待。

通过连接到互联网，人们可以从万维网获取世界各处的信息，可以通过电子邮件进行交流，还可以向全世界发布自己的消息。互联网使人们的生活变得更加多姿多彩，人们不仅可以享受丰富多彩的服务，还可以通过互联网开发新的服务。

互联网作为一种商用服务迅速发展起来，同时，基于互联网技术的新型应用，如在线游戏、社交网络服务、视频通信等商用服务也如雨后春笋般不断涌现出来，这使得到 20 世纪 90 年代为止一直占据主导地位的个人计算机通信也开始加入到互联网的行列中来，自由的、开放的互联网就这样以极快的速度被大众所认可，得到更为广泛的普及。

4.1.2 协议簇

TCP/IP 是当今计算机网络界使用最为广泛的协议。TCP/IP 的知识对于那些想构筑网络、搭建网络以及管理网络、设计和制造网络设备甚至是从事网络设备编程的人来说都是至关重要的，本节就 TCP/IP 展开介绍。

TCP/IP 与 OSI 参考模型

（1）OSI 参考模型

ISO 在制定标准化 OSI 之前，对网络体系结构相关的问题进行了充分的讨论，最终提出为通信协议设计的 OSI 参考模型。这一模型将通信协议中必要的功能分成了 7 层，通过这些分层（见图 4-3），使得那些比较复杂的网络协议更加简化。

在这一模型中，每个分层都接收由它下一层所提供的特定服务，并且负责为自己的上一层提供特定的服务。上下层之间进行交互时所遵循的约定叫作"接口"，同一层之间的交互所遵循的约定叫作"协议"。

协议分层就如同计算机软件中的模块化开发。如图 4-4 所示，OSI 参考模型将复杂的协议整理并分为了易于理解的 7 个分层。对于 OSI 参考模型的详细介绍可参考本书第 5 章。

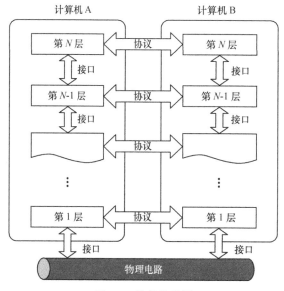

图 4-3　协议的分层

图 4-4　OSI 参考模型

（2）TCP/IP 参考模型

TCP/IP 诞生以来的各种协议其实也能对应到 OSI 参考模型当中。如果了解了这些协议分属 OSI 的哪一层，就能对该协议的目的有所了解，然后要了解每个协议的具体技术要求就可以参考相应的规范了。下面将介绍各个协议与 OSI 参考模型中各个分层之间的对应关系。

图 4-5 列出了 TCP/IP 分层与 OSI 分层之间的大致关系。不难看出，TCP/IP 与 OSI 在分层上有一定的区别，OSI 参考模型注重"通信协议必要的功能是什么"，而 TCP/IP 则更强调"在计算机上实现协议应该开发哪种程序"。

① 硬件（物理层）

TCP/IP 的最底层是负责数据传输的硬件，这种硬件就相当于以太网或电话线路等物理层的设备。关于它的内容一直无法统一定义，因为只要人们在物理层面上所使用的传输媒介不同（如使用网线或无线），网络的带宽、可靠性、安全性、时延等性能都会有所不同，而在这些方面又没有一个既定的指标。总之，TCP/IP 是在网络互连的设备之间能够通信的前提下才被提出的协议。

② 网络接口层（数据链路层）

网络接口层（有时也将网络接口层与硬件层合并起来称作网络通信层）利用以太网中的数据链路层进行通信，因此属于接口层。也就是说，把它当作让网络接口控制器（Network Interface Controller，NIC）起作用的"驱动程序"也无妨。驱动程序是指在操作系统与硬件之间起桥梁作用的软件。计算机的外围附加设备或扩展卡，不是直接插到电脑上或电脑的扩展槽上就能马上使用的，还需要有相应驱动程序的支持。例如换了一个新的 NIC 网卡，不仅需要硬件，还需要软件才能真正投入使用。因此，人们常常需要在操作系统上安装一些驱动软件以便使用这些附加硬件（现在也有很多是即插即拔的设备，那是因为计算机的操作系统中早已内置了对应设备的驱动程序，而并非无须驱动）。

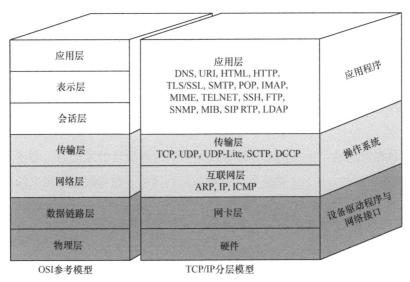

图 4-5　OSI 参考模型与 TCP/IP 参考模型的关系

③ 互联网层（网络层）

互联网层（见图 4-6）使用 IP，它相当于 OSI 模型中的第 3 层——网络层。IP 基于 IP 地址转发分包数据。TCP/IP 分层中的互联网层与传输层的功能通常由操作系统提供。尤其是路由器，它必须实现通过互联网层转发分组数据包的功能。

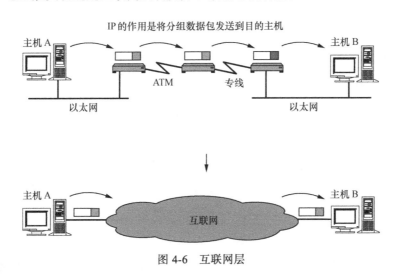

图 4-6　互联网层

此外，连接互联网的所有主机与路由器必须都实现 IP 功能，其他连接互联网的网络设备（如网桥、中继器或集线器）就没必要一定实现 IP 或 TCP 的功能了（有时为了监控和管理网桥、中继器、集线器等设备，也需要让它们具备 IP、TCP 的功能）。

（a）IP

IP 是跨越网络传送数据包、使整个互联网都能收到数据的协议。IP 使数据能够发送到地球的另一端，这期间它使用 IP 地址作为主机的标识（连接 IP 网络的所有设备必须有自己唯一的识别号以便识别具体的设备，分组数据在 IP 地址的基础上被发送到对端）。

IP 还隐含着数据链路层的功能。通过 IP，相互通信的主机之间不论经过怎样的底层数据链路都能够实现通信。虽然 IP 也是分组交换的一种协议，但是它不具有重发机制，也就是即便分组数据包未能到达对端主机也不会重发。因此，IP 属于非可靠性传输协议。

（b）ICMP

IP 数据包在发送途中一旦发生异常导致无法到达对端目的地址时，需要给发送端发送一个发生异常的通知。ICMP 就是为这一功能而制定的，它有时也被用来诊断网络的健康状况。

（c）ARP

从分组数据包的 IP 地址中解析出物理地址（MAC 地址）的一种协议。

④ 传输层

TCP/IP 的传输层（见图 4-7）有两个具有代表性的协议：TCP 和 UDP。该层的功能本身与 OSI 参考模型中的传输层类似。

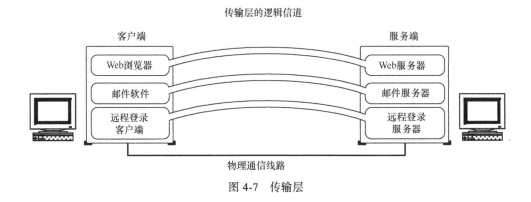

图 4-7　传输层

传输层最主要的功能就是能够让应用程序之间实现通信。计算机内部，通常同一时间运行着多个程序。为此，必须通过端口号来分清是哪些程序之间在进行通信。

（a）TCP

TCP 是一种面向连接的传输层协议。它可以保证两端通信主机之间的通信可靠性。TCP 能够正确处理在传输过程中丢包、传输顺序混乱等异常情况。此外，TCP 还能够有效利用带宽、缓解网络拥堵。

　　然而，为了建立与断开连接，有时它需要至少 7 次的发包收包，导致网络流量的浪费。此外，为了提高网络的利用率，TCP 中定义了各种各样复杂的规范，因此不利于视频会议（音频、视频的数据量既定）等场合使用。

　　（b）UDP

　　UDP 有别于 TCP，它是一种面向无连接的传输层协议。UDP 不会关注对端是否真的收到了传送过去的数据，如果需要检查对端是否收到分组数据包，或者对端是否连接到网络，则需要在应用程序中实现。UDP 常用于多播、广播通信以及视频通信等多媒体领域。

　　⑤ 应用层（会话层以上的分层）

　　TCP/IP 的分层中，将 OSI 参考模型中的会话层、表示层和应用层的功能都集中到了应用程序中实现。这些功能有时由一个单一的程序实现，有时也可能由多个程序实现。因此，细看 TCP/IP 的应用程序功能会发现，它不仅要实现 OSI 模型中应用层的功能，还要实现会话层与表示层的功能。

　　TCP/IP 应用的架构绝大多数属于客户端/服务端模型（见图 4-8）。在该模型下，提供服务的程序叫服务端，接受服务的程序叫客户端。通常，提供服务的程序会预先被部署到主机上，等待接收任何时刻客户可能发送的请求。客户端可以随时发送请求给服务端。有时服务端可能会有处理异常、超出负载等情况，这时客户端可以在等待片刻后重发请求。下面介绍几种典型的应用层协议。

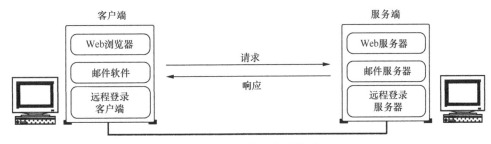

图 4-8　客户端/服务端模型

　　（a）WWW

　　WWW，中文叫万维网（见图 4-9），是一种互联网上数据读取的规范，有时也叫作 Web 或 W3，是互联网能够如此普及的重要原动力之一。用户在一种叫 Web 浏览器（通常可以简化称作浏览器。微软公司的 Microsoft Edge 以及 Mozilla Foundation 的 Firefox 等都属于浏览器，它们已被人们广泛使用）的软件上借助鼠标和键盘就可以轻轻松松地在网上自由地冲浪。也就是说轻按一下鼠标，远端服务器上的各种信息就会呈现到浏览器上。浏览器中既可以显示文字、图片、动画等信息，还能播放声音以及运行程序。

　　浏览器与服务端之间通信所使用的协议是超文本传输协议（Hyper Text Transfer Protocol，HTTP），所传输数据的主要格式是超文本标记语言（Hyper Text Markup Language，

HTML）。WWW 中的 HTTP 属于 OSI 应用层的协议，而 HTML 属于表示层的协议。

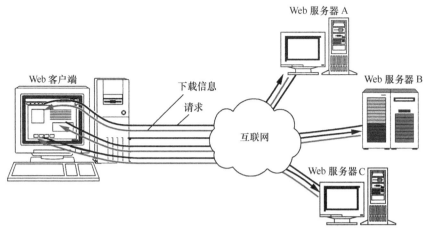

图 4-9　万维网

（b）电子邮件（E-Mail）

电子邮件其实就是指在网络上发送信件。有了电子邮件，不管距离多远的人，只要连着互联网就可以相互发送邮件。发送电子邮件时用到的经典协议为简单邮件传输协议（Simple Mail Tranfer Protocol，SMTP）。最初，人们只能发送文本格式（只由文字组成的信息）的电子邮件。然而现在，电子邮件的格式由多用途互联网邮件扩展类型（Multipurpose Internet Mail Extensions，MIME）协议扩展以后，就可以发送语音、图像等各式各样的信息，还可以修改邮件文字的大小、颜色（有时某些功能可能会因为邮件接收端软件的限制不能充分展现）。这里提到的 MIME 属于 OSI 参考模型的第 6 层——表示层。

（c）文件传输（FTP）

文件传输是指将保存在其他计算机硬盘上的文件转移到本地的硬盘上，或将本地硬盘的文件传送到其他机器硬盘上。该过程使用的协议叫作文件传输协议（File Transfer Protocol，FTP）。FTP 很早就已经投入使用，传输过程中可以选择用二进制方式还是文本方式（用文本方式在 Windows、MacOS 或 UNIX 等不同系统之间进行文件传输时，会自动修改换行符，这也属于表示层的功能）。在 FTP 中进行文件传输时会建立两个 TCP 连接，分别是发出传输请求时所要用到的控制连接与实际传输数据时所要用到的数据连接，这两种连接的控制管理属于会话层的功能。

（d）远程登录（TELNET 与 SSH）

远程登录是指登录到远程的计算机上、使远程计算机上的程序得以运行的一种功能。TCP/IP 网络中远程登录常用 TELNET（Telecommunication Network）和 SSH（Secure Shell）两种协议，除了以上两种协议外，还有很多其他可以实现远程登录的协议，如 BSD UNIX 系统中 rlogin 的 r 命令协议以及 X Window System 中的 X 协议。

（e）网络管理（SNMP）

SNMP（Simple Network Management Protocol）是典型的 TCP/IP 网络管理协议。使用 SNMP 管理的主机、网桥、路由器等称作 SNMP 代理（Agent），而进行管理的节点叫作管理器（Manager）。在 SNMP 的代理端，保存着网络接口的信息、通信数据量、异常数据量以及设备温度等信息。这些信息可以通过管理信息库（Management Information Base，MIB）访问。MIB 也被称为是一种可透过网络的结构变量。因此，在 TCP/IP 的网络管理中，SNMP 属于应用层协议，MIB 属于表示层协议。通常，一个网络范围越大，结构越复杂，就越需要对其进行有效的管理。而 SNMP 可以让管理员及时检查网络的拥堵情况，及早发现故障，也可以为以后网络扩容收集必要的信息。

4.1.3 拓扑结构

网络拓扑结构是由网络节点设备和通信介质通过物理连接所构成的逻辑结构，是从逻辑上表示网络服务器、工作站的网络配置和相互之间的连接方式和服务关系。在选择拓扑结构时，主要考虑的因素有：不同设备所担当的角色（或者设备间服务的关系）、各节点设备的工作性能要求、安装的相对难易程度、重新配置的难易程度、维护的相对难易程度、通信介质发生故障时受到影响的设备的情况。

本节将分别介绍计算机网络（包括局域网和广域网）中的一些主要拓扑结构。在此先介绍与网络拓扑结构有关的几个基本概念。

1. 与网络拓扑结构相关的基本概念

网络拓扑结构中通常包括"节点""结点""链路"和"通路"等组件。下面介绍它们的功能与联系。

（1）节点

一个节点其实就是一个网络端口。节点又分为"转节点"和"访问节点"两类。"转节点"的作用是支持网络的连接，它通过通信线路转接和传递信息，通常包括交换机、网关、路由器、防火墙设备的各个网络端口等；而"访问节点"是信息交换的源点和目标点，通常是用户计算机上的网卡接口。

（2）结点

一个结点是指一台网络设备，因为它们通常连接了多个"节点"，所以称为"结点"。在计算机网络中的结点又分为链路结点和路由结点，它们分别对应网络中的交换机和路由器。通过结点的数量可以大概判断出该计算机网络的规模与结构。

（3）链路

链路是两个节点间的线路。链路分为物理链路和逻辑链路（或称数据链路）两种，前者是指实际存在的通信线路,由设备网络端口和传输介质连接实现;后者是指在逻辑上起作用的网络通路,由计算机网络体系结构中的数据链路层标准和协议来实现。如果链路层协议没有起作用,则数据链路无法建立。

(4)通路

通路为从发出信息的节点到接收信息的节点之间的一串节点和链路的组合。也就是说,它由一系列穿越通信网络而建立起来的节点到节点的链路串连而成,它与"链路"的区别主要在于一条"通路"中可能包括多条"链路"。

2. 星形拓扑结构

星形拓扑结构(Star Topology)又称集中式拓扑结构,是因集线器或交换机连接的各节点呈星状(也就是放射状)分布而得名。在这种拓扑结构的网络中存在中央结点(集线器或交换机),而其他节点(工作站、服务器)都与中央结点直接相连。

(1)基本星形拓扑结构单元

星形拓扑结构是目前应用最广、实用性最好的一种拓扑结构,这主要是因为它非常容易实现网络的扩展。无论在局域网中,还是在广域网中都可以见到它的身影,但其主要还是应用于以太网中。以太网包括许多标准,对应的标准集就是IEEE 802.3。星形拓扑结构其实只是一个结构单元(一台集线器或者交换机设备就是一个星形结构单元),多个星形结构单元连接起来又可以形成下面将要介绍的"树形拓扑结构"。图4-10所示为最简单的单台集线器或交换机的星形拓扑结构单元。

在这个星形拓扑结构单元中,服务器和工作站等网络设备都集中连接在同一台交换机上。因为现在的固定端口交换机可以有48个或以上的交换端口,所以一个简单的星形网络完全可以适用于用户节点数在40个以内的小型企业,或者分支办公室选用。模块式的交换机端口数可达100个以上,可以满足一个小型企业的需求。但实际上这种连接方式是比较少见的,因为单独用一台模块式

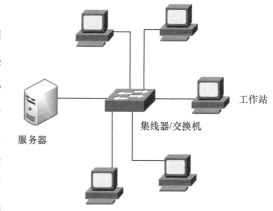

图4-10 基本星形拓扑结构单元示例

的交换机的连接成本要远高于采用多台低端口密度的固定端口交换机级联方式的成本。模块式交换机通常用于大中型网络的核心层(或骨干层)或汇聚层,在小型网络中很少使用。

扩展交换端口的另一种有效方法为堆叠方式。有一些固定端口配置的交换机支持堆叠技术,通过专用的堆叠电缆连接,所有堆叠在一起的交换机都可作为单一交换机来管理,不仅可以使端口数量得到大幅提高(通常最多堆叠8台),还可以提高堆叠交换机中各端口

实际可用的背板带宽，提高了交换机的整体交换性能。

（2）多级星形拓扑结构

复杂的星形结构网络是在图 4-10 的基础上通过多台交换机级联形成的，从而形成多级星形拓扑结构，满足更多不同地理位置分布的用户连接和不同端口带宽需求。其实这就是下面将要介绍的"树形拓扑结构"。图 4-11 所示为一个包含两级交换机结构的星形网络，其中的两层交换机通常为不同级别的，可以满足不同需求。核心层（或骨干层）交换机要选择级别较高的，用于连接下级交换机、服务器和有高性能需求的工作站用户等，下面各级则可以依次降低要求，以便最大限度地节省开销。

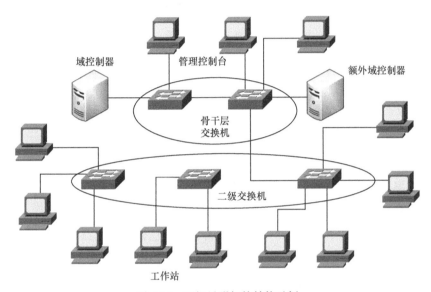

图 4-11　两级星形拓扑结构示例

当然，在实际的大中型企业网络中，其网络结构可能要比图 4-11 所示的网络复杂许多，还可能有三级，甚至四级交换机的级联（通常最多部署四级），还可能有交换机的堆叠和集群。

（3）星形拓扑结构主要优缺点

星形拓扑结构的优点主要体现在以下几个方面。

① 节点扩展、移动方便。

在星形拓扑结构网络中，节点扩展时只需要从交换机等集中设备的空余端口中拉一条电缆与要加入的节点连接上即可。而要移动一个节点只需要把相应节点设备的连接网线从设备端口拔出，然后移到新设备端口即可。上述过程并不影响其他任何已有设备的连接和使用，不会像下面将要介绍的环形网络那样"牵一发而动全身"。这是星形拓扑结构的最大优势。

② 网络传输数据快。

因为整个网络呈星形连接，网络的上行通道不是共享的，所以每个节点的数据传输对其他节点的数据传输影响非常小，这样就加快了网络数据传输的速度。

另外，星形拓扑结构所对应的双绞线和光纤以太网的传输速率可以非常高（主要是因为相应的网络技术发展非常快），如普通的五类、超五类线都可以通过 4 对芯线实现 1 000 Mbit/s 传输速率，七类屏蔽双绞线则可以实现 10 Gbit/s 传输速率，光纤则更是可以轻松实现千兆、万兆的传输速率。而后面要介绍的环形、总线型结构中所对应的标准速率都在 16 Mbit/s 以内，明显低了许多。

③ 维护容易。

在星形网络中，每个节点都是相对独立的，一个节点出现故障不会影响其他节点的连接，可任意移除故障节点。正因如此，这种网络结构受到用户的普遍欢迎，成为应用最广的一种拓扑结构类型。当然，如果集线设备出现了故障，也会导致整个网络的瘫痪。

星形拓扑结构的缺点主要体现在如下几个方面。

① 核心交换机工作负荷重。

虽然说各工作站用户连接不同的交换机，但是最终还是要在连接网络中央核心交换机的服务器上登录和访问，所以中央核心交换机的工作负荷相当繁重，对担任中央设备的交换机的性能和可靠性的要求非常高。其他各级集线器和交换机也连接多个用户，其工作负荷同样也非常重，也要求具有较高的可靠性。

② 网络布线较复杂。

每台计算机直接采用专门的电缆与集线设备相连，这样整个网络中至少需要所有计算机及网络设备总量以上条数的电缆，这使得结构本就非常复杂的星形网络变得更加复杂了。特别是在大中型企业网络的机房中，太多的电缆无论对维护、管理，还是对机房安全都是一个威胁。这就要求在布线时要多加注意，一定要在各条电缆、集线器和交换机端口上做好相应的标记。同时建议做好整个布线系统的标记和记录，以备日后出现布线故障时能迅速找到故障发生点。另外，由于这种星形网络中的每条电缆都是专用的，利用率不高，在较大的网络中，这种浪费还是相当大的。

③ 广播传输影响网络性能。

其实这是以太网的一个不足，但因星形拓扑结构主要应用于以太网中，所以相应地也就成了星形网络的一个缺点。因为在以太网中，当集线器收到节点发送的数据时，采取广播发送方式，任何一个节点发送的信息在整个网络中的其他节点都可以收到，这严重影响了网络性能。虽然说交换机具有 MAC 地址"学习"功能，但对于那些以前没有识别的节点发送来的数据，同样是采取广播方式发送的，所以同样存在广播风暴的负面影响。当然，交换机的广播影响要远比集线器的广播影响小得多，在局域网中影响不大。

综上所述，星形拓扑结构是一种应用广泛的有线局域网拓扑结构，特别是它可以采用廉价的双绞线进行布线，而且是非共享传输通道，传输性能好，节点数不受技术限制，扩展和维护容易，所以它又是一种经济、实用的网络拓扑结构。但受到单段双绞网线长度必须在 100 m 以内的限制，超过这个距离则需要采取交换机级联拓展的方式，或者采用成本较高的光纤作为传输介质（不仅是传输介质的改变，相应设备也要有相应的接口）。

3. 环形拓扑结构

环形拓扑结构（Ring Topology）在 20 世纪 90 年代计算机网络刚开始进入国内时采用得比较多，应用的标准是 IEEE 802.5。可以说，令牌环在物理上是一个由一系列环接口（称为环中继转发器，即 RPU）和这些接口间的点对点链路构成的闭合环路，各站点计算机通过环接口连接到网上。目前这一网络拓扑结构形式已不用了，因为它的传输速率最高只有 16 Mbit/s，扩展性能又不好，早已被性能远超过它的星形拓扑结构双绞线以太网替代了。

（1）环形网络结构概述

环形网络拓扑结构主要应用于采用同轴电缆作为传输介质的令牌网中，图 4-12 所示为一个典型的环形网络。这种网络中的每一个站点都是通过环中继转发器与它左右相邻的站点串行连接起来的，在传输介质环的两端各加上一个阻抗匹配器（又称终端匹配器）就形成了一个封闭的环路，"环形"结构的命名就在于此。在细同轴电缆环形网中，环中继转发器是一个 BNC 接头，阻抗匹配器上的那个链子样的东西接在 PC 外壳上（相当于接地），如图 4-13 所示。

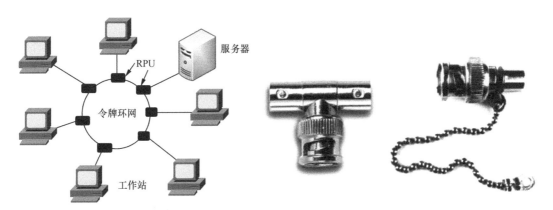

图 4-12　环形拓扑结构网络示例　　　　图 4-13　BNC 中继转发器和阻抗匹配器

图 4-12 所示只是一种示意图，实际这种拓扑结构的网络不会是所有计算机真的要连接成物理上的环形，其连成的可以是任意形状，如直线形、半环形等。这里所说的"环"是从电气性能上来讲的，"环"的形成并不是通过电缆两端直接连接形成的，而是通过在环的电缆两端加装一个阻抗匹配器来实现的。

环形拓扑结构网络的一个典型代表就是采用同轴电缆作为传输介质的 IEEE 802.5 的令牌环网（Token Ring Network）。令牌环拓扑结构最早是由 IBM 推出的，传输速率为

4 Mbit/s 或 16 Mbit/s，比当时只有 2 Mbit/s 的以太网性能要高，所以在当时得到了广泛的应用。但随着以太网技术的跳跃式发展，令牌环网的技术性能不再适应时代的要求了，故逐渐被淘汰出局。令牌环网的传输原理是，RPU 从其中的一个环段（称为上行链路）上获取帧中的每个比特位信号，然后经过整形和放大转发到另一环段（称为下行链路）。如果帧中的目的 MAC 地址与本站点 MAC 地址一致，则复制该 MAC 帧发送给连接本 RPU 的站点。

（2）环形拓扑结构的主要优缺点

环形拓扑结构网络的优点主要体现在以下方面。

① 网络路径选择和网络组建简单。

在这种拓扑结构的网络中，信息在环形网络中的流动是沿着一个特定的方向，每两台计算机之间只有一条通路，简化了路径的选择，路径选择效率非常高。同样，这类网络的组建相当简单。

② 投资成本低。

在投资成本方面，主要体现在令牌环网络中没有任何其他专用网络设备（如交换机），各站点直接通过电缆连接，所以无须购买网络设备。

尽管有以上两个看似非常诱人的优点，但环形网络仍然存在很大的缺点，这也是它最终被商用市场淘汰出局的根本原因。环形拓扑结构网络的缺点主要体现在以下几个方面。

① 传输速度慢。

这是它最终不能得到发展和用户认可的最根本原因。虽说它在刚出现时，较当时的 10 Mbit/s 以太网在速度上有一定优势（因为它可以实现 16 Mbit/s 的接入速率），但由于这种网络技术后来一直没有任何发展，速度仍保留在原来的水平，相对现在最起码的 100 Mbit/s、1 Gbit/s 速率的以太网和无线局域网来说，实在是过于落后。

② 连接用户数非常少。

在这种环形拓扑结构中，各用户是相互串联在一条传输电缆上的，所以可以连接的用户数非常有限。尽管可以有中继设备，但中继器只起到一个信号放大和连接距离拓展的作用，并不能很明显地提高连接用户的数量（通常最多也就连接几十个用户）。

③ 传输效率低。

这种环形拓扑结构的网络共享一条传输电缆，每次发送数据均要先取得令牌，每次数据的发送，令牌都要在整个环状网络中从头走到尾，哪怕是已有站点接收了数据；而且每个环形网络中只有一个令牌，同一时刻只有一个站点可以取得令牌并发送数据，所以传输效率是非常低的，明显不再适用于当前复杂的网络应用需求。

④ 扩展性能差。

因为是环形拓扑结构，且没有任何可用来扩展连接的设备，这决定了它的扩展性能远不如星形拓扑结构好。如果要新添加或移动站点，就必须中断整个网络，在适当位置切断网线，并在两端做好环中继转发器才能连接。

⑤ 维护困难。

虽然在环形拓扑结构网络中只有一条传输电缆，看似结构非常简单，但它是一个闭环，设备都连接在同一条串行连接的环路上，所以一旦某个站点出现了故障，整个网络将瘫痪。并且在这样一个串行结构中，要找到具体的故障点非常困难，必须对每个站点逐一排查，非常不便。另外，同轴电缆采用的是插针接触方式，也非常容易出现接触不良等现象，造成网络中断，网络故障率非常高。

4. 总线型拓扑结构

总线型拓扑结构（Bus Topology）与上节介绍的环形拓扑结构从外形上看有些类似，都是共享一条同轴电缆作为传输介质，通过 RPU 连接多台计算机，而且网络通信中都是以令牌的方式进行的。所谓"总线"就表示，网络中连接的各站点间进行数据通信时都必须通过这条线缆。但总线型拓扑结构采用的是 IEEE 802.4 标准（对应 RFC 1230），接入速率也低于上节介绍的环形网络（只有 10 Mbit/s），但这两种拓扑结构还是存在较大的不同，具体将在本节后面介绍。需要说明的是，在当前的局域网中，纯粹的总线型结构的网络基本上不存在，取而代之的是在一些特殊的网络环境中与星形拓扑结构的混合使用，也就是在本章后面介绍的混合型拓扑结构。

（1）总线型拓扑结构概述

总线型拓扑结构网络中，所有设备通过连接器并行连接到一条传输电缆（通常称之为中继线、总线、母线或干线）上，并在两端加装一个称为"终接器"的组件，如图 4-14 所示。终接器主要用来与总线进行阻抗匹配，最大限度吸收传送端的能量，避免信号反射回总线产生不必要的干扰。

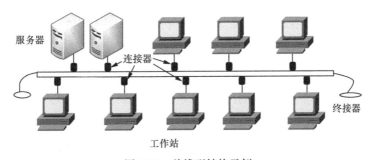

图 4-14　总线型结构示例

总线型结构网络所采用的传输介质一般也是同轴电缆（包括粗同轴电缆和细同轴电缆，也有采用光纤的），如 ATM 网、Cable Modem 所采用的都属于总线型网络结构。为了扩展所连接的计算机数量，可以在网络中添加其他的扩展设备，如中继器。图 4-15 所示为通过中继器连接的两个总线型网络单元。

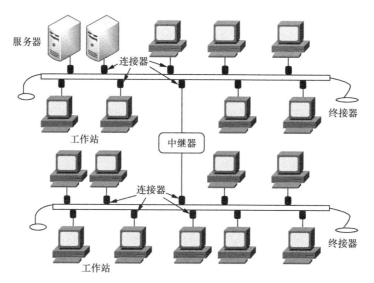

图 4-15　双总线型结构网络互联示例

总线型拓扑结构的代表技术就是 IBM 的 ARCNet 令牌网络，所以总线型拓扑结构通常被认为是令牌总线（Token Bus）结构。物理上是总线网，逻辑上是令牌网。总线型拓扑结构与上节介绍的环形拓扑结构相比，不同之处主要体现在以下两个方面。

① 与传输电缆的连接方式不同

环形拓扑结构中的连接器与电缆是串联的，所以任何连接的站点出现故障都会引起整个网络的中断；而总线型拓扑结构中的连接器与电缆是并联的，所以某个站点发生故障不会影响网络中的其他站点的通信。

② 数据传输原理不同

两种拓扑结构的数据传输原理不一样。在总线型拓扑结构中，令牌帧和数据帧都是沿着根据当前网络环境自动生成的逻辑令牌环进行传输的，而不是像环形拓扑结构那样按照物理环路径进行传输。

（2）总线型拓扑结构的主要优缺点

总线型拓扑结构的优点与环形拓扑结构差不多，主要有以下几点。

① 网络结构简单，易于布线。

由于总线型网络与环形网络都是共享传输介质，通常不需要另外的网络设备，所以整个网络结构比较简单，布线比较容易。

② 扩展较容易。

这是总线型网络相对同样是采用同轴电缆（或光纤）作为传输介质的环形网络结构的

最大的一个优点。因为总线型结构的网络中，各站点与总线的连接是通过并行连接（环形网络中连接器与电缆的连接是串行的）实现的，所以站点的扩展无须断开网络，扩展更容易。而且还可通过中继设备扩展连接到其他网络中，进一步提高了可扩展性能。

③ 维护容易。

总线型网络中的连接器与总线电缆是并行连接的，这给整个网络的维护带来了极大的便利，因为一个站点的故障不会影响其他站点，更不会影响整个网络，所以故障点的查找就容易了许多。

尽管有以上的优点，但是它与环形拓扑结构网络一样，仍有很多缺点，这些缺点也决定了它在当前网络中极少被应用。总线型结构的主要缺点表现在以下几个方面。

① 传输速率低。

IEEE 802.5 令牌环网中的最高传输速率可达 16 Mbit/s，但 IEEE 802.4 标准下的令牌总线网络的最高传输速率仅为 10 Mbit/s。所以它虽然在扩展性方面较令牌环网络有一些优势，但它同样摆脱不了被淘汰的命运。

② 故障诊断困难。

虽然总线型拓扑结构简单、可靠性高，而且是互不影响的并行连接，但故障的检测仍然很不容易。这是因为这种网络不是集中式连接，故障诊断需要在网络中各站点计算机上分别进行。另外，在这种结构中，如果故障发生在各个计算机内部，只需要将计算机从总线上去掉，比较容易实现。但是如果是总线传输介质发生故障，则需要更换全部相应段的传输介质。

③ 难以实现大规模扩展。

虽然相对环形网络来说，总线型网络在扩展性方面有了一定的改善，可以在不断开网络的情况下添加设备，还可添加中继器之类的设备进行扩展，但受到传输性能的限制，其扩展性远不如星形网络，难以实现大规模的扩展。

综上所述，单纯总线型结构的网络目前已基本不用，因为传输性能太低（只有10 Mbit/s），可扩展性也受到性能的限制。目前的总线型结构在后面将要介绍的混合型网络中才会用到。在这些混合型网络中使用总线型结构的目的就是用来连接两个（如两栋建筑物），或多个（如多楼层）相距超过 100 m 的局域网，细同轴电缆连接的距离可达 185 m，粗同轴电缆可达 500 m。如果超过这两个标准，就需要用到光纤了。但无论采用哪种传输介质的总线型结构，传输速率都只有 10 Mbit/s，实用性极低，还不如直接采用光纤星形拓扑结构。

5. 树形拓扑结构

关于树形拓扑结构（Tree Topology）的描述，目前有多种版本，有的说是总线型拓扑结构的扩展，有的说是星形拓扑结构的扩展，其实两者均有道理。之所以认为是星形拓扑结构的扩展，是因为其中的每个集线设备（如交换机）所连接的就是一个个星形拓扑结构单元。而之所以认为是总线型拓扑结构的扩展，是因为树形拓扑结构中各设备间是通过类似的"总线"（交换机级联电脑）进行互连的，一个星形结构单元的节点与另一个星形结构单元的节点之间的通信都是共享这一条"总线"的。

树形拓扑结构是自上而下［从核心交换机（或骨干层）到汇聚层，再到边缘层］依次分层扩展的，就像一棵倒放的"树"，这就是把它定义为"树形"拓扑结构的原因之一。树形拓扑结构的最顶层（也就是核心层）相当于树的"根"，中间层（汇聚层）相对于"树的枝"，而最下层（边缘层或接入层）则相当于树枝上的"细枝"和"树叶"。自上而下，所用的交换机数量是逐层增多的。简化的树形拓扑结构如图 4-16 所示（图中每一个大圆圈代表一台交换机，最下面的每个小圆圈代表一台所连接的主机）。

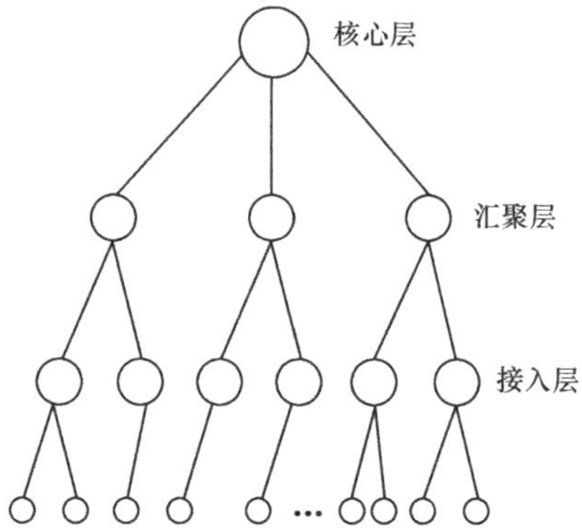

图 4-17 所示为一个典型的树形拓扑结构。它采用

图 4-16 树形拓扑结构示意

分级的集中控制方式，其传输介质可有多条分支，但不形成闭合回路，每条通信线路都必须支持双向传输。

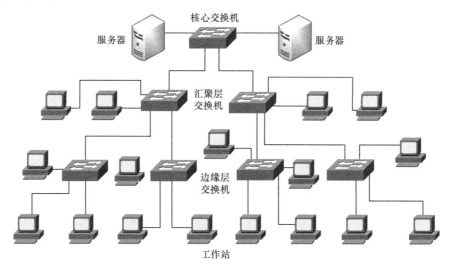

图 4-17 典型树形拓扑结构示例

从以上介绍可以得知，树形拓扑结构的主要优点还是在扩展性方面。前面已经讲述了星形拓扑结构便于扩展的特点，只要在集线设备空余端口上拉出一条网线，就可以添加新的设备；而树形拓扑结构是通过多级星形结构级联而成的，可以更方便地实现在连接距离和端口数上的扩展，实现更大规模网络的升级。

但树形拓扑结构自身也有一些不足，主要体现在以下两个方面：一是对"根"设备（核心层或骨干层）交换机的依赖性太大，如果"根"发生故障，则那些依赖"根"设备访问的服务器或外网则全部不可访问了，相当于总线型拓扑结构中总线中断后，所有用户网络都中断一样。另外，处于最顶端的核心层设备，因为下面连接了更多的级联设备和用户，负荷更重，需要配备性能更强的交换机和路由设备，成本比较高。但这些不足都可以通过配置冗余链路和选择高性能设备来弥补。树形拓扑结构是目前中小型以太局域网（如位于同一楼层，或者分布于少数几个楼层的局域网）中最主要的拓扑结构。

6. 网状拓扑结构

网状拓扑结构（Mesh Topology）又称无规则型拓扑结构。在这种结构中，各节点之间通过传输介质彼此互连，构成一个网状结构。

网状拓扑结构又有"全网状结构"和"半网状结构"两种。所谓"全网状结构"就是指网络中任何两个节点间都是相互连接的。假设一个网络中有 n 个节点，则任何 1 个节点就有 $n-1$ 条与其他节点的连接。图 4-18 所示为一个全网状拓扑结构。而所谓的"半网状结构"是指网络中并不是每个节点都与网络的其他所有节点有连接，可能只是一部分节点间相互连接，如图 4-19 所示，A 节点就没有与 E 节点直接连接，C 节点也没有与 F 节点直接连接。

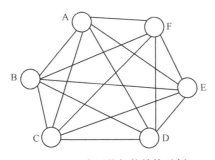
图 4-18　全网状拓扑结构示例

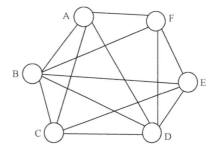
图 4-19　半网状拓扑结构示例

从以上介绍可知，网状拓扑结构的布线是相当复杂的（中间没有集中连接设备，全靠电缆来互连），布线成本也非常高，因为每个节点要用多条电缆与其他节点依次连接。同样，由于中间没有集中连接设备，每个节点计算机都需要安装多块网卡，当一个节点要互连的其他节点比较多时，这显然是不可行的。所以，这种网状拓扑结构在局域网中是极少使用的，最多也只是极少数的节点采用了半网状拓扑结构。

网状拓扑结构主要用于广域网中，这时它们连接的不再是终端用户计算机节点，而是网络设备节点，如网络中的交换机、路由器等设备。在广域网中采用网状拓扑结构可以实现多个网段，或者子网间的彼此互连。因为交换机和路由器这些设备本身就具有多个网络端口，所以进行网状连接也很简单，只是需要多拉几条线而已。

广域网中采用网状拓扑结构的主要目的就是通过实现链路或路由线路的冗余，提高网络的可靠性。当然，一般并不会在整个广域网中，而只是在骨干网络中采用这种拓扑结构。图 4-20 所示为一个广域骨干网全网状拓扑结构示例。示例中各个路由器之间彼此互连，但更多的是采用半网状拓扑结构，仅少数节点需要与网络中其他所有节点互连。图 4-21 所示的是广域骨干网中采用半网状拓扑结构的一个示例，示例中各路由器只与少数其他路由器互连，并不是全部互连。

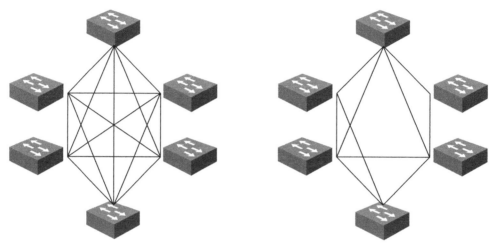

图 4-20 广域骨干网中的全网状拓扑结构示例   图 4-21 广域骨干网中的半网状拓扑结构示例

网状拓扑结构具有较高的可靠性，因为这种拓扑结构中各节点的连接存在冗余线路，任何单一连接线路的中断都不会影响网络的整体连接。同样是由于存在冗余线路，所以网状拓扑结构比较容易在多条线路上实现负载均衡。但其结构复杂，配置也很复杂，实现起来成本可能很高，特别是在广域网环境下，也不易管理、维护和进行网络扩展；同样由于节点间存在多条冗余线路，导致容易出现路由环路，或者二层环路（如果连接的节点是交换机），路由配置复杂。

7. 混合型拓扑结构

混合型网络结构是目前局域网，特别是分布式大中型局域网中应用最广泛的网络拓扑结构，它可以解决单一网络拓扑结构中传输距离和连接用户数扩展的双重限制。

（1）混合型拓扑结构概述

混合型网络拓扑结构是指由多种结构（如星形拓扑结构、环形拓扑结构、总线型结构、网状结构）单元组成的拓扑结构，但常见的是由星形拓扑结构和总线型拓扑结构结合在一起组成的拓扑结构，如图 4-22 所示。

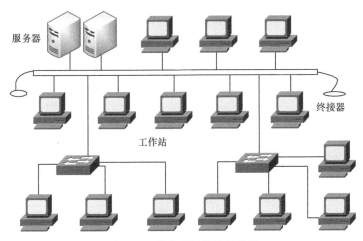

图 4-22　混合型拓扑结构示例

　　混合型拓扑结构能满足较大网络的灵活扩展，解决星形网络在传输距离上的局限（因为双绞线的单段最大长度要远小于同轴电缆和光纤长度），同时又解决了总线型网络连接用户数量的限制。图 4-22 所示只是一种简单的混合型网络结构，实际上的混合型拓扑结构主要应用于多层或者多栋建筑物的网络中。其中采用同轴电缆或光纤的"总线"用于垂直或横向干线，基本上不连接工作站，只是连接各楼层或各建筑物中各核心交换机，而其中的星形拓扑结构网络则体现在各楼层或各建筑物内部的各用户网络中，如图 4-23 所示。

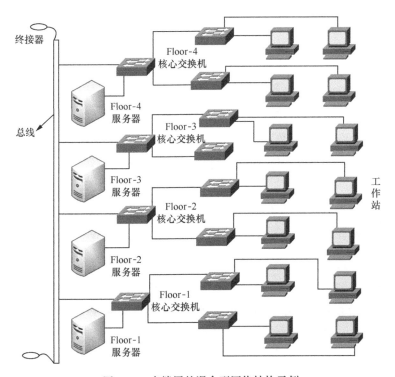

图 4-23　多楼层的混合型网络结构示例

在现在的实际组网中，一般很少使用同轴电缆作为总线了，而是采用传输性能更好、更方便进行网络连接的大对数双绞线。如图 4-24 所示，在一般的 20 层以内的楼房中，100 m 的双绞线就可以满足。

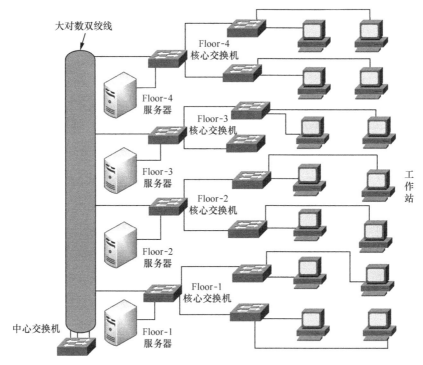

图 4-24　分层星形拓扑结构示例

如果距离过远，如高楼层或多建筑物之间的网络互连，则可以使用光纤作为传输介质，无论哪一种，传输性能均要比总线型连接方式好很多。

（2）混合型拓扑结构的主要特点

混合型拓扑结构主要有以下几个方面的特点。

① 应用广泛。

这主要是因为混合型拓扑结构解决了星形和总线型拓扑结构的不足，满足了大公司组网的实际需求。目前在一些智能化的信息大厦中应用得非常普遍。在一幢大厦中，各楼层间采用光纤作为总线传输介质，一方面可以保证网络的传输距离；另一方面，光纤的传输性能要远好于同轴电缆，在传输性能上也给予了充分的保证。当然，这不仅关系到传输介质的选择问题，更重要的是涉及对网卡和交换机端口类型的选择，光纤类型端口的网卡和交换机比较昂贵。

② 扩展灵活。

这主要是因为混合型拓扑结构继承了星形拓扑结构的优点。但由于仍采用广播式的消息传送方式，因此在总线长度和节点数量上也会受到限制，不过，在局域网中的影响不是很大。

③ 维护较为困难。

这主要受到总线型网络拓扑结构的制约，如果总线中断，则互连的各部分网络也就中断了，特别是对于那些使用统一核心交换机的网络。但是如果是分支网段发生故障，则不会影响整个网络的正常运作。

8. 无线局域网的两种拓扑结构

在无线局域网（WLAN）中，有 Ad-Hoc 和 Infrastructure 两种拓扑结构（其实可以理解为 WLAN 的两种管理模式），前者连接性能较差，连接用户较少（通常为 5 个以内），主要用于小型家庭和 SOHO 网络中；后者连接性能较好，主要用于较多用户的企业网络中，应用更为广泛。

（1）无线 AP 的 Ad-Hoc 模式的主要优缺点

Ad-Hoc 对等 WLAN 模式采用点对点的连接方式（如图 4-25 所示），只能单点通信，就像有线网络中的对等网一样，所以连接性能较差，仅适用于较少数量的计算机无线互连（通常是在 5 台主机以内）。同时，由于这一模式没有中心管理单元，因此这种网络在可管理性和扩展性方面受到一定的限制。而且各无线节点之间只能单点通信，不能实现交换连接。当然，这一无线网络结构也有其优点，那就是网络结构简单，只要安装了无线网卡即可连接，不需要其他网络设备，成本非常低。

（2）基于无线 AP 的 Infrastructure 结构

基于无线 AP 的 Infrastructure 基础结构模式与有线网络中的星形交换模式差不多（如图 4-26 所示），除了各无线用户需要安装无线网卡外，还需要一个用于集中连接各无线用户的无线 AP，它相当于有线网络中的集线器。无线 AP 提供了一个有线以太网接口，用于与有线网络、工作站和路由设备的连接。这种网络结构模式的优势主要表现在网络易于扩展、便于集中管理、能提供用户身份验证等方面，另外数据传输性能也明显高于 Ad-Hoc 对等结构。

图 4-25　Ad-Hoc 对等无线局域网结构　　　　图 4-26　Infrastructure 基础无线局域网结构

图 4-26 所示的结构可以看作是一个 Infrastructure 基础结构单元，在实际的企业 WLAN 网络中，可能有许多台 AP 设备，而且还可能有 WLAN 天线、WLAN 中继器、WLAN 网桥、WLAN 控制器等设备。WLAN 天线和 WLAN 中继器可用于连接更远距离的 WLAN 用户，WLAN 网桥可用于连接不同的 WLAN 网段，WLAN 控制器则可对整个 WLAN 网络进行管理。这就涉及信道的分配和优化技术，在一定范围内不能有信道的重叠，否则信号之间就可能产生冲突。

4.2　IP 路由基础

4.2.1　IP 地址

TCP/IP 进行通信时使用 IP 地址识别主机和路由器。为了保证正常的通信，有必要为每个设备配置正确的 IP 地址。在互联网通信中，全世界都必须设定正确的 IP 地址。否则，根本无法实现正常的通信。因此，IP 地址就像是 TCP/IP 通信的一块基石。

1. IP 地址的定义

IPv4 地址由 32 位正整数表示。TCP/IP 通信要求将这样的 IP 地址分配给每一个参与通信的主机。IP 地址在计算机内部以二进制（二进制是指用数字 0、1 表示的方法）方式处理。然而，由于人们平时并不习惯采用二进制方式，所以需要采用一种特殊的标记方式。那就是将 32 位的 IP 地址以每 8 位为一组，分成 4 组，每组以 "." 隔开，再将每组数转换为十进制数（这种方法也叫作 "十进制点符号"）。下面举例说明这一方法（见图 4-27）。

2^8	2^8	2^8	2^8	
10101100	00010100	00000001	00000001	（2进制）
10101100.	00010100.	00000001.	00000001	（2进制）
172.	20.	1.	1	（10进制）

图 4-27　IP 地址的举例

将表示成 IP 地址的数字进行计算，会得出数值：$2^{32} = 4\ 294\ 967\ 296$，从这个计算结果可知，最多可以允许 43 亿台计算机连接到网络（虽然 43 亿这个数字听起来比较大，但还不到地球上现有人口的总数）。

实际上，IP 地址并不是根据主机台数来配置的，而是每台主机上的每块网卡（NIC）都要设置 IP 地址（Windows 或 UNIX 中设置 IP 地址的命令分别为 ipconfig/all 和 ifconfig-a）。一块网卡可以配置多个 IP 地址，但通常只会在一块网卡上设置一个 IP 地址。

此外，一台路由器通常都会配置多个网卡，可以设置多个 IP 地址。

因此，让 43 亿台计算机全部联网其实是不可能的。后面会详细介绍 IP 地址的两个组成部分（网络标识和主机标识）。受这两个组成部分的物理标识的限制，实际能够连接到网络的计算机个数更是少了很多。

2. IP 地址由网络和主机两部分标识组成

IP 地址由"网络标识（网络地址）"和"主机标识（主机地址）"两部分组成（192.168.3.10/24 中的"/24"表示从左起数第 1 位开始到多少位属于网络标识。在这个例子中，192.168.3 之前的都是该 IP 的网络地址）。

网络标识在数据链路的每个网段配置不同的值，并且必须保证相互连接的每个网段的地址不能重复，而在相同段内的相连主机必须有相同的网络地址；IP 地址的"主机标识"则不允许在同一个网段内重复出现。

由此，可以通过设置网络地址和主机地址，在相互连接的整个网络中保证每台主机的 IP 地址都不会相互重叠，即 IP 地址具有唯一性（唯一性是指在整个网络中，不会跟其他主机的 IP 地址冲突）。

如图 4-28 所示，IP 包被转发到途中的某个路由器时，正是利用目标 IP 地址的网络标识进行路由的。因为即使不看主机标识，只要一见到网络标识就能判断出是否为该网段内的主机。最初，网络标识与主机标识以分类的方式进行区分，而现在基本以子网掩码（网络前缀）的方式进行区分。

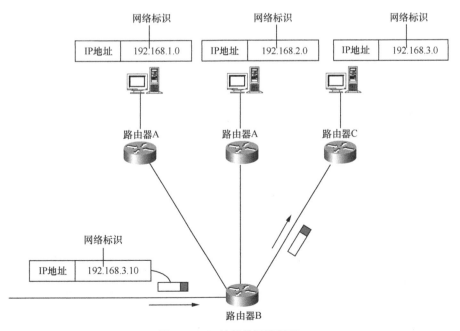

图 4-28　IP 地址的网络标识

3. IP 地址的分类

IP 地址分为 4 个级别（见图 4-29），分别为 A 类、B 类、C 类、D 类（还有一个一直未使用的 E 类），根据 IP 地址中从第 1 位到第 4 位的比特列对其网络标识和主机标识进行区分。

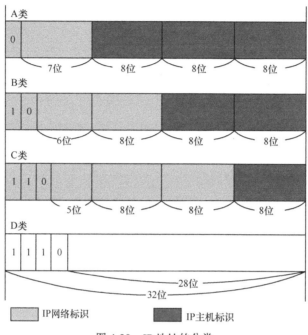

图 4-29 IP 地址的分类

（1）A 类地址

A 类 IP 地址是首位以"0"开头的地址。从第 1 位到第 8 位（去掉分类位剩下 7 位）是它的网络标识。用十进制表示的话，0.0.0.0～127.0.0.0 是 A 类的网络地址。A 类地址的后 24 位相当于主机标识。因此，一个网段内可容纳的主机地址上限为 16 777 214 个。

（2）B 类地址

B 类 IP 地址是前两位为"10"的地址。从第 1 位到第 16 位（去掉分类位剩下 14 位）是它的网络标识。用十进制表示的话，128.0.0.1～191.255.0.0 是 B 类的网络地址。B 类地址的后 16 位相当于主机标识。因此，一个网段内可容纳的主机地址上限为 65 534 个。

（3）C 类地址

C 类 IP 地址是前 3 位为"110"的地址。从第 1 位到第 24 位（去掉分类位剩下 21 位）是它的网络标识。用十进制表示的话，192.168.0.0～239.255.255.0 是 C 类的网络地址。C 类地址的后 8 位相当于主机标识。因此，一个网段内可容纳的主机地址上限为 254 个。

（4）D 类地址

D 类 IP 地址是前 4 位为"1110"的地址。从第 1 位到第 32 位（去掉分类位剩下 28

位）是它的网络标识。用十进制表示的话，224.0.0.0～239.255.255.255 是 D 类的网络地址。D 类地址没有主机标识，常用于多播。

（5）关于分配 IP 主机地址的注意事项

在分配 IP 地址时，对于主机标识有一点需要注意，即要用比特位表示主机地址时，不能全部为 0 或全部为 1。因为全部为 0 是在表示对应的网络地址或 IP 地址不可获知的情况下才使用，而全部为 1 的主机地址通常作为广播地址。因此，在分配过程中，应该去掉这两种情况，则 C 类地址每个网段最多只能有 254（$2^8-2 = 254$）个主机地址。

4. 子网掩码

一个 IP 地址只要确定了其分类，也就确定了它的网络标识和主机标识。例如 A 类地址前 8 位（除首位"0"还有 7 位）、B 类地址前 16 位（除首位"10"还有 14 位）、C 类地址前 24 位（除首位"110"还有 21 位）分别是它们各自的网络标识部分。

由此，按照每个分类所表示的网络标识的范围如图 4-30 所示。

用"1"表示 IP 网络地址的比特范围，用"0"表示 IP 主机地址范围。将它们用十进制表示，如图 4-31 所示。其中"1"的部分是网络地址部分，"0"的部分是主机地址部分。

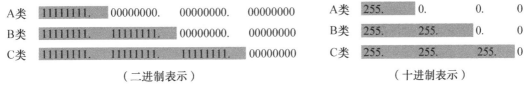

图 4-30 IP 地址分类的网络标识范围　　　　图 4-31 IP 地址分类的网络标识范围

网络标识相同的计算机必须属于同一个链路。例如，架构 B 类 IP 网络时，理论上一个链路内允许 65 000 多台计算机连接。然而，在实际网络架构当中，一般不会出现同一个链路上连接 65 000 多台计算机的情况。因此，这种网络结构实际上是不存在的，导致直接浪费了部分 A 类或 B 类地址。随着互联网的覆盖范围逐渐增大，网络地址越来越不足以满足需求，直接使用 A 类、B 类、C 类地址就更加显得浪费资源。

现在，一个 IP 地址的网络标识和主机标识已不再受限于该地址的类别，而是由一个叫作"子网掩码"的识别码通过子网网络地址细分出比 A 类、B 类、C 类更小粒度的网络。这种方式实际上就是将原来 A 类、B 类和 C 类等分类中的主机地址部分用作子网地址，可以将原网络分为多个物理网络的一种机制。

自从引入子网以后，一个 IP 地址就有了两种识别码。一种是 IP 地址本身，另一种是表示网络部分的子网掩码。子网掩码用二进制方式表示的话，也是一个 32 位的数字。它对应 IP 地址网络标识部分的位全部为"1"，对应 IP 地址主机标识的部分则全部为"0"。由此，一个 IP 地址可以不再受限于自己的类别，而是可以用这样的子网掩码自由地定位自己的网络标识长度。当然，子网掩码必须是 IP 地址的首位开始连续的"1"（最初提出子网掩码时曾允许出现不连续的子网掩码，但现在基本不允许出现这种情况）。

对于子网掩码，目前有两种表示方法。以 172.20.100.52 的前 26 位是网络地址的情况为例进行说明，图 4-32 所示是其中一种表示方法，它将 IP 地址与子网掩码的地址分别用两行来表示。

IP地址	172.	20.	100.	52
子网掩码	255.	255.	255.	192
网络地址	172.	20.	100.	0
子网掩码	255.	255.	255.	192

图 4-32　子网掩码的表示方法（1）

另一种表示方法如图 4-33 所示。它在每个 IP 地址后面追加网络地址的位数（这种方式也称为"后缀"表示法）用"/"隔开。

IP地址	172.	20.	100.	52	/26
网络地址	172.	20.	100.	0	/26

图 4-33　子网掩码的表示方法（2）

不难看出，在第二种方式下描述网络地址时可以省略后面的"0"。例如 172.20.0.0/16 跟 172.20/16 其实是一个意思。

使用子网掩码的好处就是：不管网络有没有划分子网，只要把子网掩码和 IP 地址进行逐位的"与"运算（AND），就可以立即得出网络地址（见图 4-34）。

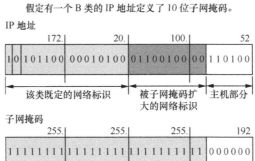

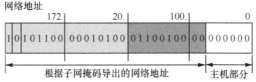

图 4-34　子网掩码可以灵活指定网络标识的长度

4.2.2　自治系统与路由选择

1.　自治系统

企业内部网络的管理方针，往往由该企业组织内部自行决定。因此每个企业或组织机构对网络管理和运维的方法都不尽相同。为了提高自己的生产力和销售额，各家企业和组织机构都会相应购入必要的机械设备、构建合适的网络以及采用合理的运维体制。在这种环境下，可以对公司以外的人士屏蔽企业内部的网络细节，更不必对这些细节上的更新请求做出回应。这好比我们的日常生活，每个人都不希望将家庭内部的私事过多暴露给外界，受外界干扰。

制定自己的路由策略，并以此为准在一个或多个网络群体中采用的小型单位叫作自治系统（Autonomous System，AS）或路由域（Routing Domain，RD）。

自治系统，区域网络、ISP（互联网服务提供商）等都是典型的例子。在区域网络及 ISP 内部，由构造、管理和运维网络的管理员、运营者制定出路由控制的相关方针，然后根据此方针进行具体路由控制的设定。

而接入区域网络或 ISP 的组织机构，则必须根据管理员的指示进行路由控制设定。如果不遵循这个原则，会给其他使用者带来负面影响，甚至自己也无法与任何组织机构进行通信。自治系统（路由域）内部动态路由采用的协议是内部网关协议（见图 4-35），即 IGP。而自治系统之间的路由控制采用的是外部网关协议，即 EGP。

2.　路由选择

路由选择用于帮助路由器了解到达目的地的路径。通常，路由器使用多种机制来发现路由和构建路由表。路由器用于发现路由的方法包括直接连接的网卡、默认路由、动态路由方法和静态路由方法。

直接连接的网卡可以通往路由器（如连接到内部网络的子网的网关路由器）的本地路径。静态路由一般是手动加入路由表中的，并把一个路由定义给一个特定的 IP 地址（比如，当要把数据流量转发到特定目的地时所用的下一跳路由器或网卡）。默认路由通常用于网络节点，通过定义的路由，节点数据流量可以发往本地子网之外（一般是通过网关路由器）。动态路由包括通往不同目的地的路由，到目的地的方式既包括通过直接连接的网卡，也包括通过其他路由器，这些路由器会公告其路由。在 IPv4 中，动态路由协议包括 RIP、RIP2、EIGRP、OSPF、IS-IS 和 BGP。

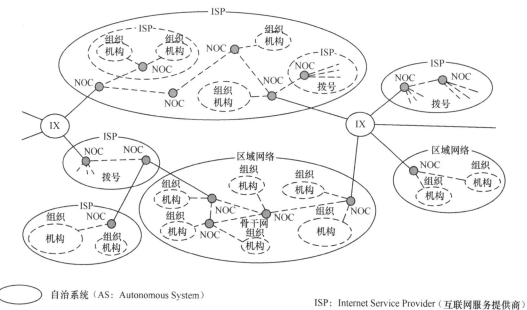

自治系统（AS：Autonomous System）

ISP：Internet Service Provider（互联网服务提供商）

自治系统内的ISP或组织机构
（内部也可以使用IGP）

IX　IX：Internet Exchange（互联网交换中心）

———— EGP：Exterior Gateway Protocol（外部网关协议）

NOC：Network Operation Center（网络运营中心）

-----　IGP：Interior Gateway Protocol（内部网关协议）

图 4-35　外部网关协议（EGP）与内部网关协议（IGP）

4.2.3　IP 路由表

　　路由表和网际层其他路由元素的用途在于把数据传递到正确的本地网络。当数据到达本地网络之后，网络访问协议就会知道它的目的地。因此，路由表不需要存储完整的 IP 地址，只需要列出网络 ID 即可。

　　图 4-36 所示为一个非常基本的路由表内容。从本质上讲，路由表就是把目的网络 ID 映射到下一跳的 IP 地址，即数据报通往目的网络的下一站。路由表会区分直接连接到路由器本身的网络和通过其他路由器间接连接的网络。下一跳可以是目的网络（如果是直接连接的），也可以是通向目的网络的下一个下游路由器。图 4-36 中的路由器端口接口是指转发数据的路由器端口。

目的	下一跳	路由器端口接口
129.14.0.0	Direct Connection	1
150.27.0.0	131.100.18.6	3
155.111.0.0	Direct Connection	2
165.48.0.0	129.14.16.1	1

图 4-36　路由表

路由表中的"下一跳"条目是理解动态路由的关键。在复杂的网络中,可能存在着通向目的地的多条路径,路由器必须决定下一跳沿着哪条路径前进。动态路由器基于使用路由协议获得的信息来做决定。

主机可以像路由器一样具有路由表,但由于主机不需要执行路由功能,它的路由表通常不会那么复杂。主机通常会使用默认路由或默认网关。当数据报不能在本地网络上传输到另一台路由器时,它就会被传输到充当默认网关的路由器。

4.2.4 路由器转发数据原则

(1)子网掩码最长匹配:就是一个目标地址被多个网络目标覆盖时,它会优先选择最长的子网掩码的路由。比如到达 10.0.0.1 网络有两条路由条目:10.0.0.0/24 的下一条是 12.1.1.2,10.0.0.0/16 的下一条是 13.1.1.3。由于第一条的子网掩码/24 大于第二条的/16,所以路由将到达 10.0.0.1 网络的数据发往 12.1.1.2。如果路由上有发往 10.0.1.1 的数据,就选择 10.0.0.0/16,因为 10.0.1.1 不包含在 10.0.0.0/24 网络当中。

(2)管理距离最小优先:指的是在子网掩码长度相同的情况下,路由器会优先选择管理距离最小的路由条目。比如说,到达 10.1.1.0/24 路由有两条,一条的管理距离是120,另一条的管理距离是 110,那么路由器优先选择将管理距离是 110 的路由条目放进自己的路由表中。

注意:RIP 和 OSPF 学习到的 10.1.1.0/24 的条目不会同时出现在路由表中,路由器只保存最优路径。只有 OSPF 学习到的那个条目消失,RIP 学习到的路由条目才会出现在路由表中。必须注意的是,相同的路由条目,如 RIP 和 OSPF 同时报告了一个相同的子网,路由会优先选择 OSPF,因为在子网掩码长度相同的前提下,OSPF 有更小的管理距离。

(3)度量值最小优先:指的是在路由的子网掩码长度相等、管理距离也相等的情况下,接下来比较度量值,度量值最小的将进入路由表。比如说,路由器通过 RIP 学习到了 10.0.0.0/24 的两个条目,一个条目的跳数(hop)是 2,另一个的跳数是 3,那么,路由器选择跳数是 2 的那个条目放入路由表。

4.3 典型的路由协议

4.3.1 静态路由与动态路由

互联网是由路由器连接的网络组合而成的。为了能让数据包正确地到达目的主机,路由器必须在途中进行正确的转发。这种向"正确的方向"转发数据所进行的处理就叫作路由控制。路由器根据路由控制表（Routing Table）转发数据包。它根据所收到的数据包中目的主机的 IP 地址与路由控制表的比较得出下一个应该接收的路由器。因此，这个过程中路由控制表的记录一定要正确无误。一旦出现错误，数据包就有可能无法到达目的主机。

路由控制分静态路由（Static Routing）和动态路由（Dynamic Routing）两种类型。静态路由是指事先设置好路由器和主机并将路由信息固定的一种方法；而动态路由是指让路由协议在运行过程中自动地设置路由控制信息的一种方法。这两种方法各有利弊。

静态路由的设置通常是由使用者手动操作完成的。例如，有 100 个 IP 网络，就需要设置近 100 个路由信息。并且，每增加一个新的网络，就需要将这个新被追加的网络信息设置在所有的路由器上。因此，静态路由给管理者带来很大的负担。此外，还有一个不可忽视的问题是，一旦某个路由器发生故障，数据包转发基本上无法自动绕过发生故障的节点，只有在管理员手动设置以后才能恢复正常。

使用动态路由的情况下，管理员必须设置好路由协议，其设定过程的复杂程度与具体要设置路由协议的类型有直接关系。例如在 RIP 的情况下，基本上无须过多地设置。而根据 OSPF 进行较详细的路由控制时，设置工作将会非常繁琐。

如果有一个新的网络被追加到原有的网络中时，只要在新增加网络的路由器上进行一个动态路由的设置即可。而不需要像静态路由那样，不得不在其他所有路由器上进行修改。对于路由器个数较多的网络，采用动态路由能够减轻管理网络的成本。在动态路由控制下，网络上一旦发生故障，只要有一个可绕的其他路径，那么数据包就会自动选择这个路径，路由器的设置也会自动重置。然而，路由器为了能够定期相互交换必要的路由控制信息，会与相邻的路由器之间互发消息，这些互换的消息会给网络带来一定程度的负荷。

在实际应用系统中，静态路由和动态路由通常是组合使用的。

4.3.2　RIP

RIP（Routing Information Protocol）是距离向量型的一种路由协议，广泛用于 LAN 网络系统中。由于 BSD UNIX 将 routed 作为标准进程来应用 RIP，因此 RIP 在路由技术发展初期得到了迅速普及。

RIP 协议要求网络中的每一个路由器都要维护从它自己到其他每一个目的网络的距离记录（因此，这是一组距离数据，即"距离向量"）。RIP 协议将"距离"定义如下。

从路由器到直接连接的网络的距离定义为 1。从路由器到非直接连接的网络的距离定义为所经过的路由器数加 1。"加 1"是因为到达目的网络后就直接交付，而到直接连接的网络的距离已经定义为 1。

RIP 协议（见图 4-37）的"距离"也称为"跳数"（Hop Count），因为每经过一个路由器，跳数就加 1。RIP 认为好的路由就是它通过的路由器的数目少，即 "距离短"。RIP 允许一条路径最多只能包含 15 个路由器。因此 "距离" 等于 16 时即相当于不可达。可见，RIP 只适用于小型互联网。

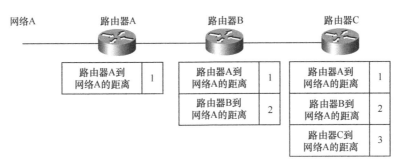

图 4-37　RIP 概要

1. 广播路由控制信息

RIP 将路由控制信息定期（30 s 一次）向全网广播。如果没有收到路由控制信息，连接就会被断开。不过，没有收到路由控制信息也有可能是由于丢包导致的，因此 RIP 规定等待 5 次。如果等了 6 次（180 s）仍未收到路由信息，才会真正关闭连接。

2. 根据距离向量确定路由

对每一个相邻路由器发送过来的 RIP 报文，通过以下步骤处理。

（1）对地址为 X 的相邻路由器发来的 RIP 报文，先修改此报文中的所有项目：把 "下一跳" 字段中的地址都改为 X，并把所有的 "距离" 字段的值加 1。每一个项目都有 3 个关键数据，即：目的网络为 N，距离是 d，下一跳路由器是 X。

（2）对修改后的 RIP 报文中的每一个项目，通过以下步骤处理。

步骤 1：若原来的路由表中没有目的网络 N，则把该项目添加到路由表中。

步骤 2：否则（在路由表中有目的网络 N，这时就再查看下一跳路由器地址）通过以下步骤处理。

步骤 2-1：若下一跳路由器地址是 X，则用收到的项目替换原路由表中的项目。

步骤 2-2：否则（这个项目是：到目的网络 N，但下一跳路由器不是 X），若收到的项目中的距离 d 小于路由表中的距离，则进行更新；其他情况则什么也不做。

（3）若 3 分钟还没有收到相邻路由器的更新路由表，则把此相邻路由器记为不可达的路由器，即把距离置为 16（距离为 16 表示不可达）。

（4）返回。

上面给出的距离向量算法的基础就是 Bellman-Ford 算法（或 Ford-Fulkerson 算法）。

这种算法的要点是，设 X 是节点 A 到 B 的最短路径上的一个节点。若把路径 A→B 拆成两段路径 A→X 和 X→B，则每一段路径 A→X 和 X→B 分别是节点 A 到 X 和节点 X 到 B 的最短路径。

RIP 协议让一个自治系统中的所有路由器都和自己相邻的路由器定期交换路由信息，并不断更新其路由表，使其从每一个路由器到每一个目的网络的路由都是最短的（跳数最少）。这里还应注意：虽然所有的路由器最终都拥有了整个自治系统的全局路由信息，但由于每一个路由器的位置不同，它们的路由表当然也是不同的。

3. 使用子网掩码时的 RIP 处理

RIP 虽然不交换子网掩码信息（见图 4-38），但可以用于使用子网掩码的网络环境。不过，在这种情况下需要注意以下几点。

- 从接口地址对应分类得出网络地址后，与根据路由控制信息流过此路由器的包中的 IP 地址对应的分类得出的网络地址进行比较。如果两者的网络地址相同，那么就以接口的网络地址长度为准。
- 如果两者的网络地址不同，那么以 IP 地址的分类所确定的网络地址长度为准。

例如，路由器的接口地址为 C 类地址 192.168.1.33/27，则它的网络地址为 192.168.1.33/24，与 192.168.1.33/24 相符合的 IP 地址长度都被视为 27 位。除此之外的地址，则采用每个地址的分类所确定的网络地址长度。表 4-2 所示为图 4-38 中路由器 A 的路由控制表。

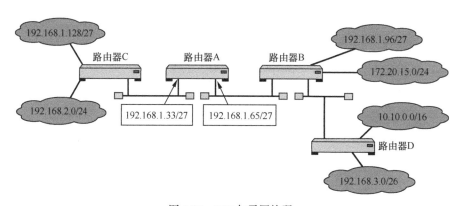

图 4-38　RIP 与子网掩码

表 4-2　图 4-38 中路由器 A 的路由控制表

IP 地址	方向	
192.168.1.32/27	路由器 A	
192.168.1.64/27	路由器 A	如果从路由器 A 接口上 IP 地址的分类来看，它们都具有同一个网络地址
192.168.1.96/27	路由器 B	
192.168.1.128/27	路由器 C	

IP 地址	方向	
192.168.2.0/24	路由器 C	
192.168.3.0/24	路由器 B	从分类的角度，它们与路由器 A 的网络地址不相同
172.20.0.0/16	路由器 B	
10.0.0.0/8	路由器 B	

需要注意的是，当把 IP 地址分类表示的网络地址延长至子网掩码的长度时，所延长的部分如果为 0，称之为 0 子网；如果为 1，则称之为 1 子网。0 子网与 1 子网在 RIP 中都无法使用。

4. RIP 中路由变更时的处理

- RIP 的基本行为可归纳为以下两种。
- 将自己所知道的路由信息定期进行广播；

一旦认为网络被断开，数据将无法流过此路由器，其他路由器就可以得知网络已经断开了。

但是，不论哪种行为都存在一些问题。

如图 4-39 所示，路由器 A 将网络 A 的连接信息发送给路由器 B，路由器 B 又将自己掌握的路由信息在原来的基础上加 1 跳后发送给路由器 A 和路由器 C。假定这时网络 A 发生了故障，路由器 A 虽然觉察到自己与网络 A 的连接已经断开，无法将网络 A 的信息发送给路由器 B，但是它会收到路由器 B 曾经获知的消息。这就使得路由器 A 误认为自己的信息还可以通过路由器 B 到达网络 A。像这样收到自己发出去的消息的情况被称为无限计数（Counting to Infinity）。

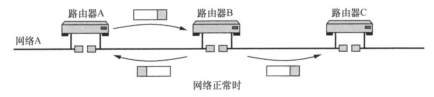

网络正常时

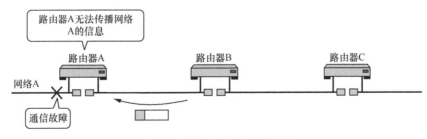

网络A出现故障，但路由器A还是会收
到路由器B曾经获知的消息

图 4-39　无限计数问题

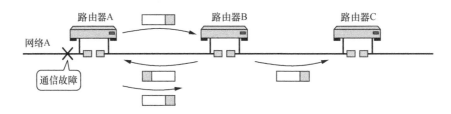

路由器A误认为自己的信息还可以通过路由器B到达网络A

图 4-39　无限计数问题（续）

为了解决这个问题可以采取以下两种方法。

- 一种是设置最长距离不超过 16 ["距离为 16" 这个信息只会被保留 120 s。一旦超过这个时间，信息将会被删除，无法发送。这个时间由一个叫作垃圾收集计时器（Garbage-collection Timer）的工具进行管理]，在该设置下，即使发生无限计数的问题，也可以从时间上进行控制。
- 另外一种方法是规定路由器不再把所收到的路由消息原路返还给发送端，这也被称作水平分割（Split Horizon），如图 4-40 所示。此方法的优点是，能够阻止路由环路的产生，减少路由器更新信息占用的链路带宽资源。

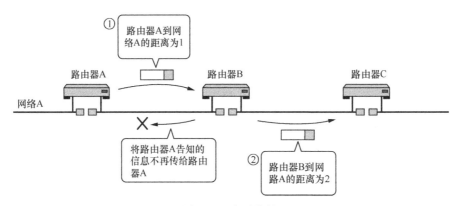

图 4-40　水平分割

然而，这种方法对有些网络来说是无法解决问题的。例如，在网络本身就有环路的情况下，反向的回路会成为迂回的通道，路由信息会不断地、循环往复地被转发。当环路内部某一处发生通信故障时，通常可以设置一个正确的迂回通道。但是对于图 4-41 所示的情况，当网络 A 的通信发生故障时，将无法传送正确的路由信息。尤其是在有多余的环路的情况下，需要很长时间才能产生正确的路由信息。

为了尽可能解决这个问题，提出了"毒性逆转"（Poisoned Reverse）和"触发更新"（Triggered Update）两种方法。

- 毒性逆转（见图 4-42）是指当网络中发生链路被断开的情况时，不是不再发送这个消息，而是将这个无法通信的消息传播出去，即发送一个距离为 16 的消息。

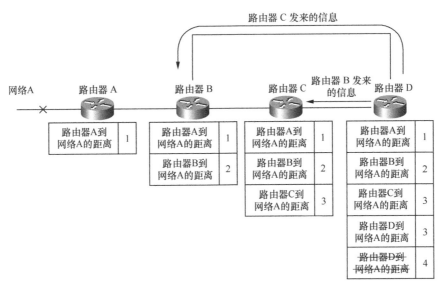

图 4-41　带有环路的网络发生故障时

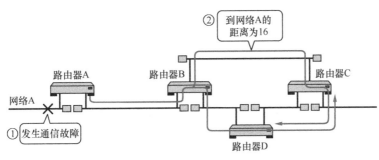

图 4-42　毒性逆转

- 触发更新是指当路由信息发生变化时，不是等待 30 s，而是立刻发送出去的一种方法。

有了这两种方法，在链路不通时，可以迅速传送消息以使路由信息尽快收敛。

然而，即使使用了到现在为止所介绍的方法，在一个具有众多环路的、复杂的网络环境中，路由信息想要达到一个稳定的状态还是需要经过一段时间的。为了解决这个问题，必须明确地掌握网络结构，在了解究竟哪个链路断开后再进行路由控制非常重要。为此，可以采用 OSPF 协议。

5．RIP2

RIP2 是 RIP 的第二版，它是在总结了 RIP 使用经验的基础上进行改进的一种协议。第二版与第一版的工作机制基本相同，不过增加了如下几个新功能。

（1）使用多播

RIP 中，路由器之间交换路由信息时采用广播的形式，然而，在 RIP2 中改用了多播。这样，不仅减少了网络的流量，还减少了对无关主机的影响。

（2）支持子网掩码

与 OSPF 类似，RIP2 支持在其交换的路由信息中加入子网掩码信息。

（3）路由选择域

与 OSPF 的区域类似，在同一个网络中可以使用逻辑上独立的多个 RIP。

（4）外部路由标志

通常用于把从 BGP 等获得的路由控制信息通过 RIP 传递给 AS 内。

（5）身份验证密钥

与 OSPF 一样，RIP 包中携带密码。只有在自己能够识别这个密码时才接收数据，否则忽略这个 RIP 包。

4.3.3　OSPF

OSPF（Open Shortest Path First）是根据 OSI 的中间系统到中间系统（Intermediate System to Intermediate System，IS-IS）的路由选择协议而提出的一种链路状态型路由协议。由于采用链路状态类型，即使网络中有环路，也能够进行稳定的路由控制。OSPF 支持子网掩码，解决了在 RIP 中无法实现可变长度子网构造网络路由控制的问题。另外，为了减少网络流量，OSPF 还引入"区域"这一概念。区域是将一个自治网络划分为若干个更小的范围，可以减少路由协议之间不必要的交换。

OSPF 可以针对 IP 首部中的区分服务（TOS）字段，生成多个路由控制表。不过，也会出现已经实现了 OSPF 功能的路由器无法支持 TOS 的情况。

1. OSPF

OSPF 为链路状态型路由协议。路由器之间交换链路状态生成网络拓扑信息，然后再根据这个拓扑信息生成路由控制表。RIP 的路由选择，要求途中所经过的路由器的个数越少越好。与之相比，OSPF 可以给每条链路［实际上，可以为连到该数据链路（子网）的网卡设置一个代价。而这个代价只用于发送端，接收端不需要考虑］赋予一个权重（也可以叫作代价），并始终选择一个权重最小的路径作为最终路由。也就是说，OSPF 以每个链路上的代价为度量标准，始终选择一个总的代价最小的一条路径。如图 4-43 所示，RIP 是选择路由器个数最少的路径，而 OSPF 是选择总的代价较小的路径。在图 4-43 中，左边的主机向右边的主机传输数据，选用 OSPF 的话数据包就按顺序走 ACD 路由器，因为此路线代价小。选用 RIP 的话就走 BE 路由器，因为此路线经过的路由器少。

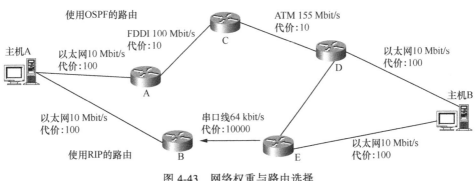

图 4-43　网络权重与路由选择

2. OSPF 基础知识

在 OSPF 中，把连接到同一个链路的路由器称作相邻路由器（Neighboring Router）。在一个相对简单的网络结构中，例如每个路由器仅跟一个路由器相互连接时［在专线网络中，路由器之间采用 PPP（Point to Point Protocol，点对点协议）相连］，相邻路由器之间可以交换路由信息。但是在一个比较复杂的网络中，例如在同一个链路中加入了以太网或 FDDI 等路由器时，就不需要在所有相邻的路由器之间都进行控制信息的交换了，而是确定一个指定路由器（Designated Router），并以它为中心交换［邻接路由器中相互交换路由信息的关系叫作邻接（Adjacency）］路由信息即可。

RIP 中包的类型只有一种。它利用路由控制信息，一边确认是否连接了网络，一边传送网络信息。但是这种方式有一个严重的缺点：网络的个数越多，每次所要交换的路由控制信息就越多。而且当网络已经处于比较稳定的、没有什么变化的状态时，还要定期交换相同的路由控制信息，这在一定程度上浪费了网络带宽。

在 OSPF 中，包根据作用的不同可以分为 5 种类型，如表 4-3 所示。

表 4-3　OSPF 包类型

类型	包名	功能
1	问候（HELLO）	确定相邻路由器，确定指定路由器
2	数据库描述（Database Description）	链路状态数据库的摘要信息
3	链路状态请求（Link State Request）	请求从数据库中获取链路状态信息
4	链路状态更新（Link State Update）	更新链路状态数据库中的链路状态信息
5	链路状态确认应答（Link State Acknowledgement）	链路状态信息的确认应答

通过发送问候（HELLO）包确认是否连接。每个路由器为了同步路由控制信息，利用数据库描述（Database Description）包相互发送路由摘要信息和版本信息。如果版本比较老，则首先发出一个链路状态请求（Link State Request）包请求路由控制信息，然后由链路状态更新（Link State Update）包接收路由状态信息，最后再通过链路状态确认（Link

State Acknowledgement)包通知其他节点本地已经接收到路由控制信息。通过该机制，OSPF 不仅可以大大地减少网络的流量，还可以迅速更新路由信息。

3. OSPF 工作原理概述

OSPF 中进行连接确认的协议叫作 HELLO 协议。

假设在网络中每 10 s 发送一个 HELLO 包。如果没有 HELLO 包到达，则进行连接是否断开的判断（管理员可以自定义 HELLO 包的发送间隔和判断连接断开的时间，只是在同一个链路中的设备必须配置相同的值）。具体为，允许空等 3 次，直到第 4 次（40 s 后）仍无任何反馈就认为连接已经断开。之后在进行连接断开或恢复连接操作时，由于链路状态发生了变化，路由器会发送一个链路状态更新包（Link State Update Packet）通知其他路由器网络状态的变化。

链路状态更新包所要传达的消息大致分为两类：一类是网络链路状态通告（Network Link State Advertisement，Network LSA），另一类是路由器链路状态通告（Router Link State Advertisement，Router LSA）。

网络 LSA 是以网络为中心生成的信息，表示这个网络都与哪些路由器相连接。而路由器 LSA 是以路由器为中心生成的信息，表示这个路由器与哪些网络相连接。

如果这两种信息[除这两种信息之外还有网络汇总 LSA（Summary LSA）和自治系统外部 LSA（AS External LSA）信息]主要采用 OSPF 发送，每个路由器就都可以生成一个可以表示网络结构的链路状态数据库。可以根据这个数据库，采用 Dijkstra 算法（最短路径优先算法）生成相应的路由控制表。Dijkstra 算法由提出结构化编程的迪克斯特拉（E.W.Dijkstra）发明，通过该算法可获取最短路径。

相比距离向量，由上述过程所生成的路由控制表更加清晰、不容易混淆，还可以有效降低无线循环问题的发生。不过，当网络规模越来越大时，最短路径优先算法的处理时间就会变得很长，对 CPU 和内存的消耗也变得很大。

4. 将区域分层化进行细分管理

链路状态型路由协议的潜在问题在于当网络规模越来越大时，表示链路状态的拓扑数据库就变得越来越大，路由控制信息的计算也就变得越来越困难。OSPF 为了减少计算负荷，引入区域的概念。

区域是指将连接在一起的网络和主机划分成小组，使一个自治系统（AS）内可以拥有多个区域。不过具有多个区域的自治系统必须要有一个主干区域（主干区域的 ID 为 0，逻辑上只允许它有 1 个，可实际在物理上又可以划分为多个），并且所有其他区域必须都与这个主干区域相连接（如果网络的实际物理构造与此说明不符时，需要采用 OSPF 的虚拟链路功能设置虚拟的主干区域）。

如图 4-44 和图 4-45 所示，连接区域与主干区域的路由器叫作区域边界路由器；而区域内部的路由器叫作内部路由器；只与主干区域内部连接的路由器叫作主干路由器，与外部相连接的路由器叫作 AS 边界路由器。

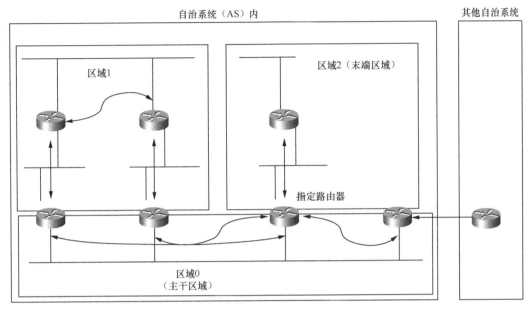

图 4-44　AS 与区域

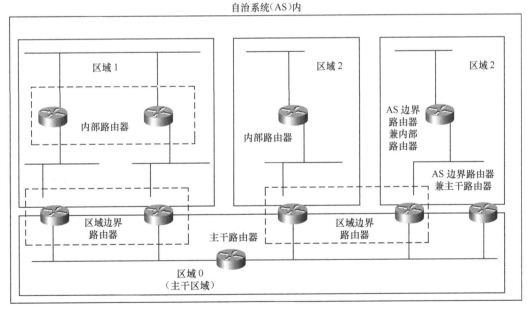

图 4-45　OSPF 的路由器种类

每个区域内的路由器都持有本区域网络拓扑的数据库。然而，关于区域之外的路径信息，只能从区域边界路由器那里获知。区域边界路由器也不会将区域内的链路状态信息全部原样发送给其他区域，只会发送自己到达这些路由器的距离信息，内部路由器所持有的网络拓扑数据库在这种情况下就会明显变小。换句话说，内部路由器只了解区域内部的链路状态信息，并在该信息的基础上计算出路由控制表。这种机制不仅可以有效地减少路由控制信息，还能减轻处理的负担。

此外，作为区域出口的区域边界路由器若只有一个的话叫作末端区域（如图 4-46 中的区域 2），末端区域内不需要发送区域外的路由信息。它的区域边界路由器（在本图中为路由器 E）将成为默认路径传送路由信息。因此，由于不需要了解到达其他各个网络的距离，所以它可以减少一定数量的路由信息。要想在 OSPF 中构造一个稳定的网络，物理设计和区域设计同样重要。如果区域设计不合理，就有可能无法充分发挥 OSPF 的优势。

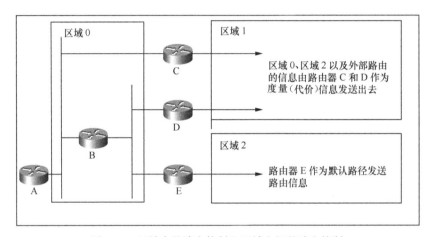

图 4-46 区域内的路由控制和区域之间的路由控制

本章小结

本章首先介绍了 TCP/IP 分层和 OSI 分层，列出了与这些分层相对应的常见协议，介绍了多种常见的网络拓扑结构，为读者理解 IP 网络技术打下了良好的基础。其次，本章阐述了 IP 地址的含义与分类、路由选路的方法和路由器数据转发的基本原则，让读者对数据在网络中的传输方式有了基本的理解。本章最后介绍了两种内部网关协议：RIP 与 OSPF，给出了数据包传递到目的主机的具体方法，带领读者更深入地认识了 IP 网络的运行方式。

本章习题

1. 请画出 OSI 参考模型和 TCP/IP 参考模型的示意图。

2. IP 地址（IPv4 地址）由（　　　）位正整数来表示。

A. 8　　　　　　　　B. 16　　　　　　　　C. 32　　　　　　　　D. 64

3. IP 地址由＿＿＿＿＿和＿＿＿＿＿两部分组成。

4. 路由控制分＿＿＿＿＿和＿＿＿＿＿两种类型。

5. RIP 基于＿＿＿＿＿决定路径。

6. 什么是静态路由？什么是动态路由？

第5章

数据通信技术

理解数据传输的基础知识和基本原理；了解物理层、数据链路层和网络层的各项数据通信协议；认识常见的寻址和编码方式；理解数据通信的交换方式。

▶ 本章知识点

（1）数据传输的基础知识

（2）数字通信的常见编码方式

（3）物理层、数据链路层和网络层的各种通信协议

（4）数据通信的寻址方式

（5）数据通信的交换方式

▶ 内容导学

网络中通信的目的是为了交换信息，而我们常常将信息数字化为数据，并将数据通过电磁波的形式转化为信号进行传输。在通信信道中，传输信号需要多种协议和技术的配合，本章将就这些技术和协议进行详细的阐述。

在学习本章内容时，应重点关注以下内容。

（1）了解常见的数字通信编码方式和差错控制方法

数字数据有两种信号编码方式：模拟信号编码和数字信号编码。模拟信号传输的基础是载波，数字数据可以针对载波的不同要素或要素的组合进行调制。常见的模拟信号编码有 ASK、FSK 和 PSK，分别采用幅度、频率和相位对信号进行编码调制，此外还有结合相

位和幅度的调制方式 PAM（Phase Amplitude Modulation）。数字信号可以直接以基带的方式进行传输。对于传输数字信号来说，最常用的方法是用不同的电压电平来表示两个二进制数字，数字信号由矩形脉冲组成。本章将介绍 4 种基本的数字信号脉冲编码方案，分别为单极性不归零码、双极型不归零码、单极性归零码和双极性归零码。

（2）理解数据链路层通信协议的功能和特点

数据通信的双方为有效地交换数据信息，必须建立一些规约，以控制和监督信息在通信线路上的传输和系统间的信息交换，这些操作规则称为通信协议。数据链路的通信操作规则称为数据链路控制规程，它的目的是在已经形成的物理电路上，建立起相对无差错的逻辑链路，以达到有效可靠地进行数据通信的目的。

（3）理解数据通信各种交换方式的优点和缺点

在终端数目较多或通信设备之间的距离很远时，全互联通信网中连线数量大，终端线路接口多，资源利用率低，成本高，而克服全互联式通信网缺点的有效方法是在数据通信网中引入交换设备，每个终端通过一条专用线路连接到交换网络的节点上，任意两个终端通过交换网络建立通信链路来进行数据通信，这就构成了交换式数据通信网。在计算机网络及通信系统中经常谈到的交换方式有电路交换（Circuit Switching）、报文交换（Message Switching）、分组交换（Packet Switching）等。

5.1 数据传输

5.1.1 信号与信道

1. 信号

计算机网络中通信的目的是为了交换信息，而信息是对客观事物属性和特性的描述，可以是对事物的形态、大小、结构、性能等全部或部分特性的描述，也可以是对事物与外部联系的描述。信息是字母、数字、符号的集合，其载体可以是数字、文字、语音、视频和图像等。

数据是指数字化的信息。在数据通信过程中，被传输的二进制代码（或者说数字化的信息）称为数据。数据是信息的表现形式或载体，分为数字数据和模拟数据。数字数据的值是离散的，如电话号码、邮政编码等；模拟数据的值是连续变换的量，如身高、体重、温度、气压等。数据与信息的区别在于，数据是信息的载体或表现形式，而信息则是数据的内在含义或解释。

信号是数据在传输过程中的电磁波的表示形式，因此数据只有转换为信号才能传输。

信号是传输数据的工具，是数据的载体，是数据的表现形式，信号使数据能以适当的形式在介质上传输。从广义上讲，信号包含光信号、声信号和电信号，人们通过对光、声、电信号的接收，才知道对方要表达的消息。信号从形式上分为模拟信号和数字信号。模拟信号指的是在时间上连续不间断、数值幅度大小也是连续不断变化的信号，如传统的音频信号、视频信号等。数字信号指的是在时间轴上离散、幅度不连续的信号，可以用二进制 1 或 0 表示，如计算机、数字电话、数字电视等输出的都是数字信号。

2. 信道

信道（Channel）是指信号的传输通道，包括通信设备（如集线器、路由器等）和传输介质（如同轴电缆、光纤等）。

信道按传输介质分可分为有线信道和无线信道；按传输信号类型分可分为模拟信道和数字信道；按使用权限分可分为专用信道和公用信道等。

奈奎斯特公式：用于理想低通信道。奈奎斯特公式为估算已知带宽信道的最高数据传输速率提供了依据。

$$C=2B \times \log_2 L \tag{5-1}$$

C：数据传输速率，单位 bit/s。

B：信道带宽，单位 Hz。

L：信号编码级数。

然而，实际信道上存在损耗、时延、噪声，因而都是非理想的。损耗会减弱信号强度，导致信噪比（S/N）降低。时延会使接收端的信号产生畸变。噪声会破坏信号，产生误码。例如，在速率为 56 kbit/s 的物理信道上，一个持续时间为 0.01 s 的干扰将会影响约 560 bit 数据的传输效果。

香农公式：有限带宽高斯噪声干扰信道。

$$C=B \times \log_2 (1+SNR) \tag{5-2}$$

其中 SNR 代表信噪比，此公式给出了受信噪干扰的实际信道能达到的最高传输速率。香农理论同时表明，噪声的存在使得编码级数不可能无限增加。

5.1.2 数据传输的形式

1. 数据传输形式

数据传输形式基本上可分为两种：基带传输和频带传输。

（1）基带传输

基带传输是按照数字信号原有的波形（以脉冲形式）在信道上直接传输，它要求信道具有较宽的通频带。基带传输不需要调制、解调，设备花费少，适用于较小范围的数据传输。

基带传输时，通常对数字信号进行一定的编码。数据编码常用 3 种方法：不归零码（Non-Return to Zero，NRZ）编码、曼彻斯特编码和差分曼彻斯特编码。后两种编码不含直流分量，包含时钟脉冲，便于双方自同步，因此得到了广泛的应用。

（2）频带传输

频带传输是一种采用调制、解调技术的传输形式。在发送端，采用调制手段，对数字信号进行某种变换，将代表数据的二进制"1"和"0"变换成具有一定频带范围的模拟信号，以适应在模拟信道上传输；在接收端，通过解调手段进行相反变换，把模拟的调制信号复原为"1"或"0"。常用的调制方法有频率调制（FM）、振幅调制（AM）和相位调制（PM）。具有调制、解调功能的装置称为调制解调器，即 Modem。频带传输较复杂，传送距离较远，若通过市话系统配备 Modem，则可突破基带信号传送距离的限制。

2. 数据传输方式

数据在信道中传输可以采取多种方式。按数据代码传输的顺序，可以分为串行传输和并行传输；按数据传输的同步方式，可分为异步传输和同步传输；按数据传输的方向与时间关系，可分为单工通信、半双工通信和全双工通信。

（1）串行传输和并行传输（见图 5-1）

串行传输是指使用一条数据线，将数据一位一位地依次传输，每一位数据占据一个固定的时间长度。串行传输只需要少数几条线就可以在系统间交换信息，特别适用于远距离通信。

并行传输指的是数据以成组的方式，在多条并行信道上同时进行传输。

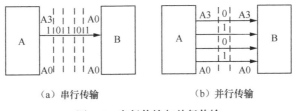

（a）串行传输　　　　　　（b）并行传输

图 5-1　串行传输与并行传输

串行传输的速度比并行传输的速度要慢得多，但其费用低。并行传输较复杂，双方时钟的允许误差较小，而串行传输实现简单，双方时钟可允许一定的误差。此外，并行传输可用于点对多点，而串行传输只适用于点对点。

（2）异步传输和同步传输

在串行传输中，为了保证接收端能从串行数据流中正确区分发送的每一个码组或字符，可以使用两种方式：异步传输和同步传输。

① 异步传输：异步传输方式是指收发双方各自有相互独立的位定时时钟，信息的接收和转换是以约定的模式进行的，一般是起止式同步方式。这种方式是将数据流分组为字节，每一个分组（通常 8 比特）作为一个单位通过线路传送，并且在每个字节的前后分别增加一个起始位（通常是 0）和一个或多个停止位（通常是 1），以提示接收方一个字节的开始和结束，使得接收方可以根据数据流本身进行同步。由于在字节这一级别，收发双方不需要同步，所以这种传输方式称为异步传输。但是在每一字节内，仍需位同步。

异步传输的示意如图 5-2 所示，其中起始位是 0，停止位是 1，间隙是线路的空闲，电平与 1 状态相同。

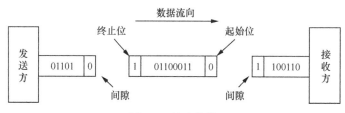

图 5-2　异步传输

由于异步传输方式加入了起始位、终止位以及字符之间的间隙，因此其传输效率较低，但实现简单、方便，尤其适用于低速通信的场合。例如，一个输入终端到计算机的通信就是异步传输，用户一次只敲一个字符，并且在字符之间引入不可预计长短的时间间隙，这在数据通信领域内是十分低速的。

② 同步传输：同步传输是指收发双方以统一的时钟节拍来完成数据的传输。同步传输中，数据的发送一般以帧为单位，一帧包含许多个字符，发送方在每帧的开始或结束都必须加上预先规定好的特殊码组（同步码组）作为每一帧的起止标记，接收端检测并获取这一标志，从而使收发双方保持同步。

同步传输的示意如图 5-3 所示。

图 5-3　同步传输

在同步传输模式中，数据以连续的比特流传送，不需要对每一个字符单独加起始位、终止位，且字符之间也没有时间间隔，因此传输效率高，但实现起来比较复杂。

（3）单工通信、半双工通信和全双工通信

单工通信（Simplex）是指消息只能单方向传输的工作方式，如图 5-4（a）所示。通信双方中只有一方可以发送，另一方只能接收，如广播、遥测、遥控、无线寻呼等。

半双工通信（Half-duplex）是指通信双方都能收发消息，但不能同时进行收和发的工作方式，如图 5-4（b）所示。例如，使用同一载频的普通对讲机、问询及检索等。

全双工通信（Duplex）是指通信双方可同时收发消息的工作方式。一般来说全双工通信的信道必须是双向信道，如图 5-4（c）所示。电话是全双工通信一个常见的例子，通话的双方可同时进行说和听。计算机之间的高速数据通信也是这种方式。

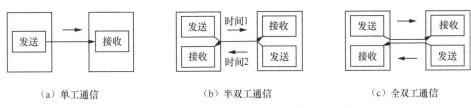

（a）单工通信　　　　　　　（b）半双工通信　　　　　　　（c）全双工通信

图 5-4　单工、半双工和全双工通信方式示意

5.1.3　同步技术

同步技术是调整通信网中的各种信号使之协同工作的技术。同步是保证信息有序、准确传输的必要前提，同步系统的性能优劣将直接影响整个通信系统的性能。通信系统中的同步可分为载波同步、位同步、群同步和网同步几大类。

1. 载波同步

在频带传输系统中，当采用相干检测时，接收端需要恢复一个和接收信号的载波同频、同相的相干载波，获取这个载波的过程就称为载波同步。

2. 位同步

位同步又称同步传输，它是使接收端和发送端保持同步。实现位同步的方法可分为外同步法和自同步法两种。

（1）外同步：发送端发送数据时同时发送同步时钟信号，接收方用同步信号来锁定自己的时钟脉冲频率。在外同步法中，接收端的同步信号事先由发送端发送过来，不是由自己产生的，也不是从信号中提取出来的。在发送数据之前，发送端先向接收端发出一串同步时钟脉冲，接收端按照这一时钟脉冲频率和时序锁定接收端的接收频率，以便在接收数据的过程中始终与发送端保持同步。

（2）自同步：发送端不发送专门的同步信息，而是通过包含了同步信号的特殊编码（如曼彻斯特编码），接收方从中提取同步信号来锁定自己的时钟脉冲频率。自同步法的效率高，但收端设备相对外同步法较为复杂。

3. 群同步

在数据通信中，群同步又称异步传输，是指传输的信息被分成若干"群"。数据传输过程中，字符可顺序出现在比特流中，字符间的间隔时间是任意的，但字符内各比特用固定的时钟频率传输。字符间的异步定时与字符内各比特间的同步定时，是群同步，即异步传输的特征。

群同步是靠起始位和停止位来实现字符定界及字符内比特同步的。起始位指示字符的开始，并启动接收端对字符中比特的同步。而停止位则是作为字符间的间隔位设置的，没有停止位，下一字符的起始位下降沿便可能丢失。

4. 网同步

网同步是指通信网中各站之间时钟的同步。网同步的目的在于使全网各站能够互联互通，正确地接收信息码元。网同步在时分制数字通信和时分多址通信网中是一个重要的问题。对于广播类的单向通信，以及端对端的单条链路通信，一般都是由接收设备负责解决与发送设备的时钟同步问题。这就是说，接收设备以发送设备的时钟为准，调整自己的时钟，使之和发送设备的时钟同步。这样的同步办法比较简单。

对于网中有多站的双向通信系统，同步则有不同的解决办法。这些办法可以分为两大类。第一类是全网各站具有统一时间标准，称为同步网；第二类是容许各站的时钟有误差，但是通过调整码元速率的办法使全网能够协调工作，称为异步网或准同步网。

5.1.4 编码与差错控制

1. 编码

（1）数字数据的模拟信号编码

在数字通信中，为了使数字信号能进行长距离的可靠传输，常常将数字信号搭载到一个高频的模拟信号上进行传输。模拟信号传输的基础是载波，载波具有三大要素：幅度、频率和相位，数字数据可以针对载波的不同要素或它们的组合进行调制。

数字调制有 3 种基本的形式：幅移键控（ASK）、频移键控（FSK）和相移键控（PSK）。

基本原理：用数字信号对载波的不同参量进行调制。

载波：$S(t) = A\cos(\omega t + \varphi)$

$S(t)$ 的参量包括幅度 A、频率 ω、初相位 φ。调制就是使 A、ω 或 φ 随数字基带信号的变化而变化。

ASK：用载波的两个不同振幅表示 0 和 1。

FSK：用载波的两个不同频率表示 0 和 1。

PSK：用载波的起始相位的变化表示 0 和 1。

ASK 方式用载波的两个不同的幅度来表示二进制的两种状态。ASK 方式容易受增益变化的影响，是一种低效的调制技术。在电话线路上，通常只能达到 1 200bit/s 的速率。在 FSK 方式下，用载波频率附近的两种不同频率来表示二进制的两种状态。在电话线路上，使用 FSK 可以实现全双工操作，通常可达到 1 200 bit/s 的速率。

在 PSK 方式下，用载波信号的不同相位来表示数据。PSK 可以使用二相或多相的相移，利用这种技术，可以对传输速率起到加倍的作用。

PSK 和 ASK 结合的相位幅度调制 PAM 是解决相移数已达到上限但还需要提高传输速率的有效方法。

（2）数字数据的数字信号编码

数字信号也可以直接以基带方式进行传输。基带传输是在线路中直接传送数字信号的电脉冲，它是一种最简单的传输方式，近距离通信的局域网都采用基带传输。对于传输数字信号来说，最常用的方法是用不同的电压电平来表示两个二进制数字，数字信号由矩形脉冲组成。下面介绍几种基本的数字信号脉冲编码方案。

单极性不归零码：恒定的正电压用来表示"1"码，无电压用来表示"0"码。每一个码元时间的中间点是采样时间，判决门限为半幅度电平，也就是说接收信号的值在 0.5 到 1.0 之间，就判为"1"码，如果在 0 到 0.5 之间就判为"0"码。

双极性不归零码：正电压用来表示"1"码，负电压用来表示"0"码，正和负的幅度相等，故称为双极性码。双极性不归零码的判决门限为零电平，接收信号的值若在零电平以上为正，则判为"1"码，若在零电平以下为负，则判为"0"码。

以上两种编码的每一位编码占用了全部码元的宽度，故这两种编码都属于全宽码，也称作不归零码（Non-Return to Zero，NRZ）。不归零码在重复发送某码的情况下，码元与其下一位码元之间没有间隙，不易区分识别，归零码可以改善这种状况。

单极性归零码：当发"1"码时，发出正电流，但持续时间短于一个码元的时间宽度，即发出一个窄脉冲；当发"0"码时，不发送电流，称这种码为单极性归零码。

双极性归零码："1"码发送正的窄脉冲，"0"码发送负的窄脉冲。

不归零码在传输中难以确定一位的结束和另一位的开始，需要用某种方法使发送器和接收器之间进行定时或同步，归零码的脉冲较窄，根据脉冲宽度与传输频带宽度成反比的关系，因而归零码在信道上会占用较宽的频带。

单极性码会积累直流分量，这样就不能使变压器在数据通信设备和所处环境之间提供良好绝缘的交流耦合，直流分量还会损坏连接点的表面电镀层。双极性码的直流分量大大减少，这对数据传输是很有利的。

2. 差错控制方法

数据在网络中传输时，受信道噪声及信道传输特性不理想等因素的影响，接收端所收到的数据不可避免地会发生错误，会降低通信系统的可靠性。差错控制为识别或纠正传输数据中发生错误的过程，其目的是确保接收方收到的信息与发送方发送的信息相同。差错控制编码是为控制错误的发生而进行的编码过程。常用的差错控制方式主要有 3 种：自动重传请求（Automatic Repeat-reQuest，ARQ）、前向纠错（Forward Error Correction，FEC）和混合纠错（Hybrid Error Correction，HEC）。

（1）自动重传方式

ARQ 是一种错误控制协议，在接收端收到有缺陷或不正确的数据后，会自动发起呼叫以重新传输数据包或帧。当发送端未能接收到确认信号时，通常会在预定义的超时后重新发送数据，并重复预定次数的该过程，直到发送设备接收到确认为止。ARQ 通常用于确保通过不可靠的服务进行可靠的传输。

ARQ 有 3 种主要类型：停止等待 ARQ、后退 N 帧 ARQ 和选择重传 ARQ。

停止等待 ARQ 是最简单的 ARQ，其工作方式如图 5-5 所示。其中，1、2、3……是发送的数据组，ACK 为接收数据没有错误的应答信号，NAK 为接收数据出现错误的应答信号。发送端发送一个数据组到接收端，接收端收到后经检测若未发现错误，则发回一个 ACK 信号给发送端，发送端收到 ACK 信号后再发出下一个数据组。如果接收端检测出错误，则发回一个 NAK 信号，发送端收到 NAK 信号后重发前一个数据组，并再次等候 ACK 或 NAK 信号。这种工作方式在两个码组之间有停顿时间，会使传输效率受到影响，但它的工作原理简单，易于实现，并且误码率可以很低，适用于半双工通信及数据网之间的通信。

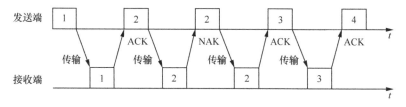

图 5-5 停止等待 ARQ 示意图

后退 N 帧 ARQ 是一种更为复杂的协议（见图 5-6），发送端无停顿地送出一个又一个数据组，不再等候 ACK 信号，一旦接收端发现错误并发回 NAK 信号，则发送端从下一个数据组开始重发前一段 N 组信号，N 的大小取决于信号传递及处理所带来的时延。这种返回重发系统比停止等待 ARQ 有很大的改进，在很多数据传输系统中得到应用。但是，此协议可能会导致多次发送许多帧，这可以通过使用选择重传 ARQ 来避免。

图 5-6　后退 N 帧 ARQ 示意

选择重传 ARQ（见图 5-7）也是连续不断地发送信号，接收端对于无差错的数据包进行正常接收，对于有差错数据包进行丢弃并发送 NAK n 进行差错反馈，对于 n 号数据包之后正确到达的数据包进行缓存，直到收到重发的正确的 n 号数据包，再依次顺序提交。与后退 N 帧 ARQ 不同的是，发送端不是重发前面的所有数据组，而是只重发有错误的那一组。显然，这种选择重发系统的传输效率最高，但另一方面它的成本也更高，因为它要求较为复杂的控制，在发送端、接收端都要求有数据缓存器。此外，选择重传 ARQ 和后退 N 帧 ARQ 都需要全双工的链路，而停止等待 ARQ 只要求半双工的链路。

图 5-7　选择重传 ARQ 示意

（2）前向纠错方式

采用 FEC 的数据通信系统原理如图 5-8 所示，该系统由发送端、纠错码编码器、数据信道、纠错码译码器、接收端等部分组成。发送端在被传的数据信息中增加一些监督码编成码组，使其具有一定的纠错能力。接收端对接收到的码组按一定的规则进行译码，判断接收到的码组有无错误。若无错误，则译码器直接将数据信息发送给接收数据终端；若有错误并且错误在纠错能力之内，则译码器对错误进行纠正后再将数据信息发送给接收数据终端。前向纠错方式不需要反馈信道，特别适合于只能提供单向信道的场合。由于能自动纠错，不需要去检错重发，因而时延小、实时性好。在移动通信系统、卫星通信系统等对实时传输要求较严的通信系统中，FEC 得到了广泛的应用。为了保证纠错后获得低误比特率，纠错码应具有较强的纠错能力。但纠错能力越强，则译码设备越复杂，前向纠错系统的主要缺点就是设备较复杂。

（3）混合纠错方式

HEC 是 FEC 和 ARQ 的结合。在 HEC 中，发送端不但有纠正错误的能力，而且对超出纠错能力的错误有检测的能力。发送端进行同时具有自动纠错和检错能力的编码，接收端收到码组后，首先对错误情况进行判断，如果出现的错误在该编码的纠错能力之内，则自动对错误进行纠正。如果信道干扰严重，出现的错误超过了该编码的纠错能力，但是在检测错误能力之内，则经过反馈信道请求发送端重新发送这组数据。如果信道干扰非常严重，出现的错误不仅超过了该编码的纠错能力，而且超过了该编码的检错能力，这种差错控制方式将失去作用，译码器会将有错误的数据发送给数据终端，导致接收数据出错。HEC在实时性和译码复杂性方面是 FEC 和 ARQ 的折中。

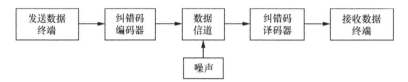

图 5-8　前向纠错数据通信系统原理

3. 差错控制编码

差错控制编码的基本原理是在发送端被传输的信息序列上附加一些监督码元，这些多余的码元与信息码元之间以某种确定的规则相互关联。接收端根据信息码与监督码的特定关系实现检错或纠错。一般来说，增加的监督码元越多，检错、纠错的能力就越强。研究差错控制编码的重点就是寻求较好的编码方式，在增加冗余码尽可能少的情况下实现尽可能强的检错和纠错能力。

差错控制系统中使用的信道编码可以有多种。

按照差错控制编码功能的不同，可以将其分为检错码和纠错码。检错码可以检测误码，纠错码可以纠正误码。

按照信息码元和附加的监督码元之间的检验关系可以分为线性码和非线性码。若信息码元与监督码元之间的关系为线性关系，即满足一组线性方程式，则称为线性码。反之，若两者不存在线性关系，则称为非线性码。

按照信息码元和监督码元之间的约束方式的不同可以分为分组码和卷积码。在分组码中，编码后的码元序列每 n 位分为一组，其中 k 个是信息码元，r 个是附加的监督码元，$r=n-k$。监督码元仅与本码组的信息码元有关，而与其他码组的信息码元无关。卷积码则不然，虽然编码后序列也划分为码组，但监督码元不但与本组信息码元有关，而且与前面码组的信息码元也有约束关系。

按照每个码元的取值不同，可以分为二进制码和多进制码。

按照构造差错控制编码的数学方法来分类，可以分为代数码、几何码和算术码。代数码建立在近世代数的基础上，是目前发展最为完善的编码。线性码是代数码的一个最重要的分支。

常用的差错控制编码方法有奇偶校验码、方阵校验码、恒比码、正反码、循环冗余校验（CRC）码和卷积码等。

5.1.5　多路复用

多路复用是指以同一传输媒质（线路）承载多路信号进行通信的方式。各路信号在送往传输媒质以前，需按一定的规则进行调制，以利于各路已调信号在媒质中传输，不产生混淆，从而在传到对方时使信号具有足够的能量，且可用解调的方法加以区分、恢复成原信号。

常用的多路复用方式包括：频分复用（Frequency Division Multiplexing，FDM）、时分复用（Time Division Multiplexing，TDM）和码分复用（Code Division Multiplexing，CDM）等。

1. 频分复用

FDM 是一种按频率来划分信道的复用方式。在 FDM 中，总带宽被划分为一组不重叠的频带，每个频带都是由发送设备生成和调制的不同信号的载波。频带之间被"保护频带"隔开，以防止信号重叠。调制后的信号在发送端使用多路复用器（MUX）复用在一起，复用后的信号在通信信道上传输，因此可以同时传输多个独立的数据流。在接收端，通过解复用器（DEMUX）从复用信号中提取各个信号。

如图 5-9 所示的 FDM 系统具有 4 个频带，每个频带可以将信号从一个发送器传送到一个接收器。每一路都分配一个频带。4 个频带被复用并通过通信信道发送。在接收端，解复用器将原始的 4 个信号分离出来。如果频带为 150 kHz 带宽，并由 10 kHz 保护带分隔，则通信信道的容量应至少为 630 kHz（150×4+10×3）。

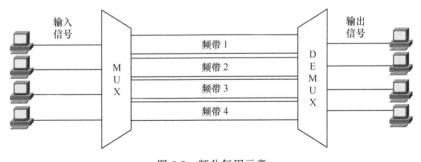

图 5-9　频分复用示意

FDM 允许在多个用户产生的多个独立信号之间共享单个传输介质，例如铜缆或光缆。FDM 已广泛用于电话网络中的多路呼叫、无线电广播和电视节目传输中。

2. 时分复用

TDM 是一种以时间分片方式来实现在同一信道中传输多路信号的方式。在 FDM 中，各路信号以不同的频率同时工作，但在 TDM 中，各路信号在频谱上是重叠的，而在时间上是分开的，即在任何时刻，信道上只有一路信号在传输。

在 TDM 中，以数据帧的形式复用多路信号，每一帧分成不同的时隙，每个时隙被分配给不同的用户。具体到如何分配信道资源，TDM 又可分为同步时分复用和异步时分复用两种。

① 同步时分复用

同步时分复用（见图 5-10）中的时隙是预先分配且固定的。如果发送端此时未准备好数据，则预定的时隙会被空发送。

图 5-10 同步时分复用示意

② 异步时分复用

异步时分复用（见图 5-11）又称统计时分复用，它可以按需动态分配时隙，从而提高了信道的利用率。在异步时分复用中，用户有传输数据的需要时就为其分配时隙，如果没有数据需要传送，则可以不给它分配时隙。

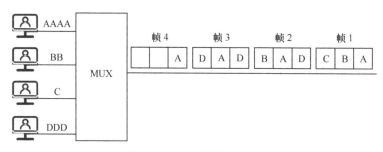

图 5-11 异步时分复用示意

3. 码分复用

CDM 是靠不同的编码来区分各路原始信号的一种复用方式。在 CDM 中，各路信号码元在频谱上和时间上都是重叠的，不同用户传输的信号靠各自不同的（正交）编码序列来区分。

5.2 数据通信协议

5.2.1 OSI 参考模型与描述

OSI 模型描述了计算机系统用来通过网络进行通信的 7 层模型，它是 20 世纪 80 年代初期所有主要计算机和电信公司采用的第一个网络通信标准模型。OSI 模型于 1983 年推出，并于 1984 年被 ISO 采纳为国际标准。现代互联网不是基于 OSI，而是基于更简单的 TCP/IP 模型。但是，OSI 七层模型仍被广泛使用，因为它有助于可视化和交互网络的运行，并有助于隔离和排除网络故障。

下面从最高层开始，依次介绍 OSI 模型各层的基本功能。

1. 应用层

应用层（Application Layer）直接与用户和用户的应用程序进行通信。应用层提供的协议允许软件发送和接收信息，并向用户提供有意义的数据。应用层的典型协议：超文本传输协议（HTTP）、文件传输协议（FTP）、简单邮件传输协议（SMTP）和域名系统（DNS）等。

2. 表示层

表示层（Presentation Layer）的主要功能是把应用层提供的信息变为能共同理解的形式，它定义了两个设备应如何编码、加密和压缩数据等，以便在另一端正确接收数据。表示层获取应用层传输的数据，并准备将其通过会话层传输。

3. 会话层

会话层（Session Layer）建立并保持用户进程之间的逻辑关系，以及处理进程之间的对话，并且保证每次会话都会正常结束。

源 DTE（Data Terminal Equipment，数据终端设备）会话层将来自表示层的用户信息插入必要的同步点，并加入会话层头部控制信息后送往运输层；目的 DTE 会话层收到来自运输层的会话单元，将本层相应控制信息剥离后上传到表示层。

会话层的主要功能有：确认双方身份；确定工作方式（是全双工还是半双工）；确认付费方；对传送的大文件设置断点（同步点）；提供检查断点重传机制等。

4. 运输层

运输层（Transport Layer）又称传输层，也称端到端层，它实现用户端到端或进程之间的信息控制和信息交换。同时对经过下面 3 层之后仍然存在的传输差错进行恢复，进一步提高可靠性。

源 DTE 传输层从会话层获得将要传输的会话单元（消息），将其划分成可以传输的片段，在各片段前加入头部信息（如指明片段在会话单元中的序号及其他控制信息）形成报文，然后送往网络层。目的 DTE 传输层收到来自网络层的报文，剥离本层相应的控制信息，重组恢复后将信息上传到会话层。

传输层的主要功能有：决定是否通过一条单独路径来传输所有的消息（是虚电路还是分组方式）；在发送端将消息分解成带序号的分组，在接收端将分组正确重组为消息；负责将报文从源 DTE 的一个特定进程传递到目标 DTE 的一个特定进程；在信源进程到信宿进程的层次上进行差错控制和流量控制。

5. 网络层

网络层（Network Layer）又称通信子网层，负责将数据分组从源 DTE 尽力传输到目的 DTE 的过程。

发端网络层从运输层获得报文，加上源、目的 DTE 网络地址及其他相关控制信息后转换为数据分组传送给数据链路层。接收端网络层收到来自数据链路层的分组，剥离本层相应的控制信息，重组恢复后将信息上传给运输层。

网络层属于通信体系结构中的低层，因此除了源 DTE、目的 DTE 之外，中间的网络节点或网络设备也要参与对网络层的数据分组处理。

网络层的功能是数据交换、路由选择、在同一条物理线路上时分复用传输多个 DTE 间的数据、网络间目的逻辑地址与物理地址之间的映射、网内的通信流量控制、网络层的差错控制等，其中最主要的功能就是交换与路由。交换是指数据分组由网络设备的输入端口移动到输出端口，通常网络设备（如路由器）包括 3 种交换结构：通过内存进行交换；通过单个共享总线进行交换；通过总线矩阵进行交换。路由意味着在有多于一条的路径可选时，选择从源 DTE 到目的 DTE 发送数据分组的合适路径。在这种情况下，每个数据分组都可以通过不同的路由到达目的地，然后再在目的地重新按照原始顺序组装起来。用来计算合适路径的算法就是路由算法。

数据分组传输实际上包含虚电路与数据报这两种方式。在虚电路方式中，源 DTE 与目的 DTE 之间的分组传输路径在会话开始的时候就通过某种方法被确定下来，属于同一次通信的所有数据分组将按照顺序在该路径上依次传送。在数据报方式中，每个分组传输都被网络层独立地进行处理，属于同一次通信的分组可以通过完全不同的路径完成传送。

6. 数据链路层

数据链路层（Data Link Layer）是在物理层的基础上建立的，用于建立和拆除数据链路连接，实现无差错传输的控制层。

网络节点发送端数据链路层从网络层获得数据分组，加上源、目的物理地址及其他相关控制信息后转换为数据帧传送给物理层。相邻节点接收端数据链路层收到来自物理层的数据帧，剥离本层相应的控制信息后，形成分组上传给网络层。数据链路层与网络层一样，属于通信体系结构中的低层，因此中间的网络节点或网络设备都要参与对数据链路层的数据帧处理。

数据链路层的主要功能是分组的封装成帧；相邻节点链路层的错误检测、流量控制；在数据同步通信中负责时序同步。

7. 物理层

物理层（Physical Layer）并不是物理媒体（如线路）本身，它包含那些在物理媒介上传输比特流必需的功能。物理层从上一层数据链路层获得成帧数据并将其转化为在通信链路上可以传输的格式，或者说它将比特流转换成电磁信号，并通过指定媒介进行传输。它提供用于建立、保持和断开物理连接的机械的、电气的、功能的和过程的条件。物理层只关心比特流的传输，不关心比特流中各比特之间的关系。

表 5-1 总结了 OSI 模型的各层简要通信功能。

表 5-1　OSI 模型各层简要通信功能

各层	主要通信功能
应用层	允许访问网络资源
表示层	翻译、加密以及压缩数据
会话层	建立、管理以及终止会话
运输层	提供终端进程之间的可靠消息传送和错误恢复
网络层	将每一个数据分组由信源 DTE 尽力地送达目的 DTE
数据链路层	将形成的数据帧无差错地从一个站点传送到下一个相邻站点
物理层	完成在物理媒体上的无结构比特流的传输；处理机械的、电气的、功能的和过程化的特性以接入物理媒体

5.2.2　OSI 参考模型中的数据封装过程

OSI 参考模型中的数据封装过程如图 5-12 所示。

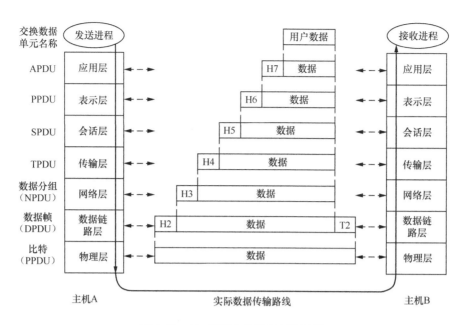

图 5-12　OSI 模型中的数据封装过程

在 OSI 参考模型中，当一台主机需要传送用户数据时，数据首先通过应用层的接口进入应用层。在应用层，用户数据被加上应用层的报头 H7，形成应用层协议数据单元（Protocol Data Unit，PDU），然后被递交到下一层——表示层。表示层并不"关心"应用层的数据格式，而是把整个应用层递交的数据包看成一个整体进行封装，即加上表示层的报头 H6，然后递交到下一层——会话层。同样，会话层、传输层、网络层、数据链路层也都要分别给上层递交下来的数据加上自己的报头。其中，数据链路层还要给网络层递交的数据加上数据链路层报尾 T2，形成最终的一帧数据。

当一帧数据通过物理层传送到目标主机的物理层时，该主机的物理层把它递交到上一层——数据链路层。数据链路层负责去掉数据帧的帧头部 DH 和尾部 DT，同时还进行数据校验。如果数据没有出错，则递交到上一层——网络层。同样，网络层、传输层、会话层、表示层、应用层也要做类似的工作。最终，原始数据被递交到目标主机的具体应用程序中。

5.2.3　物理层接口

物理层协议要解决的是主机、工作站等数据终端设备与通信线路上数据通信设备之间的接口问题。物理层接口一般是指 DTE 与 DCE 的界面。DTE 是指数据终端设备，其基本功能是产生、处理数据。DCE 是指数据通信设备，其基本功能是沿传输介质发送和接收数据。DTE 需要通过 DCE 才能与网络相连。一个完整的 DTE/DCE 接口标准应包括 4 个特性：机械特性、电气特性、功能特性和规程特性。

（1）机械特性

机械特性规定了 DTE 与 DCE 实际的物理连接，如接插件的形状和尺寸、插头的数目、排列方式以及插头和插座的尺寸、电缆的长度以及所含导线的数目等。

（2）电气特性

电气特性规定了数据交换信号以及有关电路的特性。一般包括最大数据传输速率的说明、表示信号状态（逻辑电平，通/断）的电压和电流的识别，即什么样的电压表示"1"或"0"，以及电路特性的说明。

（3）功能特性

功能特性规定了某条线上出现的某一电平的电压表示何种意义，即每条线的功能分配和确切定义。通常接口线可分为 4 类：数据线、控制线、同步线和地线。

（4）规程特性

规程特性即通信协议，说明不同功能的各种可能事件的出现顺序，即各信号线的工作规则和先后顺序。

5.2.4　物理传输介质举例

传输介质是指通信中实际传送信息的载体，通常可以分为有线传输介质和无线传输介质两种。有线传输介质传输信号的性能较好、成本低、易安装和维护，主要适用于短距离通信和架设电缆比较容易的场合。无线传输介质利用自由空间作为传输介质来进行数据通信，适用于架设或铺埋电缆或光缆较困难的地方，广泛应用于无线蜂窝网络。

（1）有线传输介质

有线传输介质主要包括双绞线（Twisted Pair，TP）、同轴电缆（Coaxial Cable）和光纤（Optical Fiber）。

① 双绞线

双绞线按一定密度互相绞合，每一根导线在传输中辐射的电波会被另一根线上发出的电波抵消，因此可以降低信号干扰的程度。双绞线是综合布线工程中最常用的一种传输介质，与其他传输介质相比，双绞线虽然在传输距离、信道宽度和数据传输速率等方面均受到一定限制，但抗干扰能力强、布线容易、可靠性高、使用方便、价格较为低廉，所以是目前应用比较多的传输介质，广泛应用于工业控制系统以及干扰较大的场所。

双绞线一般可分为非屏蔽双绞线（Unshielded Twisted Pair，UTP）和屏蔽双绞线（Shielded Twisted Pair，STP）两种类型。

非屏蔽双绞线电缆如图 5-13 所示，具有无屏蔽外套，直径小，节省所占用的空间；重量轻，易弯曲，易安装；将串扰减至最小或加以消除；阻燃性；独立性和灵活性，适用于结构化综合布线等优点。

屏蔽双绞线电缆在每一对导线外都由一层金属箔或金属网包裹，如图 5-14 所示。金属屏蔽层可以减小辐射，但并不能完全消除辐射。屏蔽双绞线价格相对较高，安装时要比非屏蔽双绞线电缆困难，必须配有支持屏蔽功能的特殊连接和施工工艺。安装屏蔽双绞线时，屏蔽双绞线的屏蔽层必须接地。在有大量的电磁干扰的物理地区，屏蔽双绞线提供一个既方便经济、效益又好的解决方法。

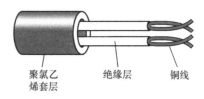

图 5-13　非屏蔽双绞线

② 同轴电缆

同轴电缆由内外两根同轴的圆柱形导体构成，两根导体之间用绝缘介质隔离开，如图 5-15 所示。内导体多为实心导线，外导体是一根空心导电管或金属编织网，在外导体外面有一层绝缘保护层。在内外导体间可以填充实心介质材料，或者用空气作为介质，但间隔一段距离有绝缘支架用于连接和固定内外导体。由于外导体通常接地，所以它同时能够很好地起到电屏蔽作用。

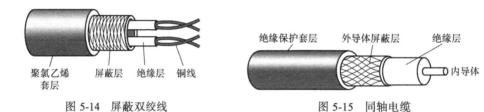

图 5-14　屏蔽双绞线　　　　　图 5-15　同轴电缆

同轴电缆可分为基带同轴电缆和宽带同轴电缆两种基本类型。

基带同轴电缆的屏蔽层通常是用铜做成的网状结构，其特征阻抗为 50 Ω。基带同轴电缆仅用于传输数字信号，使用曼彻斯特编码，数据传输速率最高可达 10 Mbit/s，常用的型号一般有 RG-8（粗缆）和 RG-58（细缆）。粗缆与细缆最直观的区别在于电缆直径不同。粗缆适用于比较大型的局部网络，它的传输距离长、可靠性高，但是粗缆网络必须安装收发器和收发器电缆，安装难度大，因此总体造价高。相反，细缆则比较简单、造价较低，但由于安装过程中要切断电缆，因而当接头较多时容易产生接触不良的隐患。

宽带同轴电缆的屏蔽层通常是用铝冲压而成的，其特征阻抗为 75 Ω。这种电缆通常用于传输模拟信号，常用型号为 RG-59，是有线电视网中使用的标准传输线缆，可以在一根电缆中同时传输多路电视信号。

③ 光纤

传输光信号的有线信道是光导纤维（见图 5-16），简称光纤。最早出现的光纤是由折射率不同的两种导光介质（高纯度的石英玻璃）纤维制成的。其内层称为纤芯，在纤芯外包有另一种折射率的介质，称为包层。由于纤芯的折射率比包层的折射率大，光波会在两层的边界处产生反射。经过多次反射，光波可以实现远距离传输。由于折射率在两种介质内是均匀不变的，仅在边界处发生突变，故这种光纤称为阶跃型光纤。随后出现的一种光纤的纤芯折射率沿半径增大方向逐渐减小，光波在这种光纤中传输的路径是因折射而逐渐弯曲的，并达到远距离传输的目的，故这种光纤称为梯度型光纤。梯度型光纤的折射率沿轴向的变化是有严格要求的，故其制造难度比阶跃型光纤大。

光纤传输有许多突出的优点，如传输频带宽、损耗小且几乎不受温度影响、质量轻、体积小、抗电磁干扰、保密性好、保真度高、成本低等。但它也存在质地脆、易断等缺点，对连接布线的技术提出了较高的要求。

支持多种传播路径或横向模式的光纤被称为多模光纤（Multi Mode Fiber，MMF），而支持单一模式的光纤被称为单模光纤（Single Mode Fiber，SMF）。

多模光纤（见图 5-17）容许多条满足全反射的入射角不同的光线在同一根光纤上传输。多模光纤的纤芯直径约为 $50\sim100\,\mu m$，光源可以使用普通的发光二极管，数据传输速率会受限制。

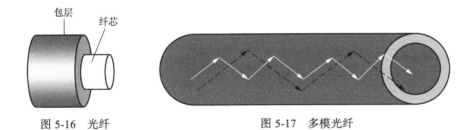

图 5-16　光纤　　　　　　　　图 5-17　多模光纤

当光纤的直径减少到一个光波长左右时，光纤像波导那样使光线一直向前传播而没有折射。单模光纤（见图 5-18）的纤芯直径约为 $8\sim10\,\mu m$，使用价格较贵的半导体激光器作为光源，损耗小，效率高，传输距离长。

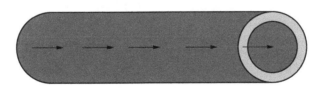

图 5-18　单模光纤

（2）无线传输介质

最常用的无线传输介质有微波和红外线。

① 微波

微波是指频率为 300 MHz～3000 GHz 的电磁波，是无线电波中一个有限频带的简称。微波频率比一般的无线电波频率高。微波通信主要有地面微波接力通信和卫星通信等方式。

如图 5-19 所示，地面微波接力系统由两端的终端站及中间的若干接力站组成，为地面视距点对点通信。微波接力系统的设备投资和施工费用较少、维护方便，且工程施工与设备安装周期较短。利用车载式微波站，还可灵活布置、迅速抢修。但其相邻站间不能有障碍物，且易受气候干扰。

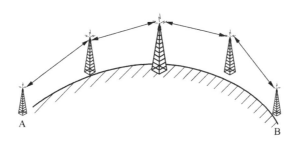

图 5-19　地面微波接力系统

卫星通信系统实际上也是一种微波通信，它以卫星作为中继站转发微波信号，在多个地面站之间通信，卫星通信的主要目的是实现对地面的"无缝隙"覆盖。卫星通信具有较大的传输时延，且传输时延相对确定。由于卫星工作于几百、几千甚至上万公里的轨道上，因此其覆盖范围远大于一般的移动通信系统。但卫星通信要求地面设备具有较大的发射功率，因此不易普及使用。

② 红外线

红外线是太阳光线中众多不可见光线中的一种，也可以被当作传输介质。太阳光谱上红外线的波长大于可见光线，波长为 0.75～1000 μm。红外线可分为 3 部分，即近红外线，波长为 0.75～1.50 μm；中红外线，波长为 1.50～6.0 μm；远红外线，波长为 6.0～1000 μm。红外线通信不易被人发现和截获、保密性强、抗干扰性强。此外，红外线通信机体积小、重量轻、结构简单、价格低廉。红外线被广泛应用于短距离通信，成为室内无线网的主要选择对象。

5.2.5　链路层协议

1. 数据链路传输控制规程

为了有效、可靠地进行数据通信，要对传输操作实施严格的控制和管理，完成这种控制和管理的规则称为数字链路传输控制规程，也就是数据链路层协议。任意两个 DTE 之间，在执行了某一数据链路层协议而建立起双方的逻辑连接关系后，这一对通信实体之间的传输通路就称为数据链路。

链路控制规程执行的数据传输控制功能可分为 5 个阶段。

第一阶段为建立物理连接（数据电路）。数据电路可分为专用线路与交换线路两种。在点对多点结构中，主要采用专线，物理连接是固定的。在点对点结构中，如采用交换电路，必须按照交换网络的要求进行呼叫接续，如电话网的 V.25 和数据网的 X.21 呼叫接续过程。

第二阶段为建立数据链路。在点对点系统中，主要是确定两个站的关系，谁先发，谁先收，做好数据传输的准备工作。在点对多点系统中，主要是进行轮询和选择的过程。这个过程也就是确定由哪个站发送信息，由哪个站接收信息。

第三阶段为数据传送。该阶段主要实现如何有效可靠地传送数据信息，如何将报文分成合适的码组，以便进行透明的、相对无差错的数据传输。

第四阶段为数据传送结束。当数据信息传送结束时，主站向各站发出结束序列，各站便回到空闲状态或进入一个新的控制状态。

第五阶段为拆线。当数据电路是交换线路时，数据信息传送结束后，就需要发送控制序列，拆除通信线路。

2. 数据链路控制规程的功能

数据通信的双方为有效地交换数据信息，必须建立一些规约，以控制和监督信息在通信线路上的传输和在系统间的信息交换，这些操作规则称为通信协议。数据链路的通信操作规则称为数据链路控制规程，它的目的是在已经形成的物理电路上，建立相对无差错的逻辑链路，以便在 DTE 与网络之间、DTE 与 DTE 之间，可以有效、可靠地传送数据信息。为此，数据链路控制协议应具备如下功能。

（1）帧同步。将信息报文分为码组，采用特殊的码型作为码组的开始与结尾标志，并在码组中加入地址及必要的控制信息，这样构成的码组称为帧。帧同步的目的是确定帧的起始与结尾，以保持收发两端帧同步。

（2）差错控制。由于物理电路上存在各种干扰和噪声，数据信息在传输过程中会产生差错。采用水平和垂直冗余校验，或循环冗余校验进行差错检测，对正确接收的帧进行确认，对接收有差错的帧要求重发。

（3）顺序控制。为了防止帧的重收和漏收，必须给每个帧编号，接收时按编号确认，以识别差错控制系统要求重发的帧。

（4）透明性。在所传输的信息中，若出现了每个帧的开始、结尾标志字符和各种控制字符的序列，要插入指定的比特或字符，以区别以上各种标志和控制字符，以此来保障信息的透明传输，即信息不受限制。

（5）线路控制。在半双工或多点线路场合，确定哪个站是发送站，哪个站是接收站；

建立和释放链路的逻辑连接；显示各个站点的工作状态。

（6）流量控制。为了避免链路的阻塞，应能调节数据链路上的信息流量，决定暂停、停止或继续接收信息。

（7）超时处理。如果信息流量突然停止，超过规定时间，决定如何处理。

（8）特殊情况。当没有任何数据信息发送时，确定发送器发送什么信息。

（9）启动控制。在一个处于空闲状态的通信系统中，解决如何启动传输的问题。

（10）异常状态的恢复。当链路发生异常情况时（如收到含义不清的序列，数据码组不完整或超时收不到响应等），自动地重新启动，恢复到正常工作状态。

3. 传输控制规程的种类

目前已采用的传输控制规程基本上可分为两大类，即面向字符型控制规程和面向比特型控制规程。

面向字符型控制规程的特点是利用专门定义的传输控制字符和序列完成链路控制的功能，其主要适用于中低速异步或同步数据传输，以双向交替工作的通信方式进行操作。面向字符型控制规程主要有基本型控制规程及其扩充型规程（如会话型传输控制规程、编码独立的信息传输规程等）。这种控制规程一般适用于"主机—终端"型数据通信系统，不适合计算机之间的通信，因此这种规程的应用范围会受到一定的限制。

面向比特型控制规程的特点是不采用传输控制字符，仅采用某些比特序列完成控制功能，实现不受编码限制的透明传输，传输效率和可靠性都高于面向字符型的控制规程。它主要适用于中高速同步全双工方式的数据通信，尤其适用于分组交换网与终端之间的数据传输。

4. 高级数据链路控制规程

高级数据链路控制（High Level Data Link Control，HDLC）规程是国际标准化组织颁布的一种面向比特的数据链路控制规程。

为了满足各种应用的需要，HDLC定义了3种类型站点、2种链路设置以及3种数据传送操作模式。

3种站点类型包括主站、从站和组合站。主站负责控制链路的操作，发出命令帧，接收应答帧。从站在主站的控制下操作，发出应答帧，接收命令帧，并配合主站参与对链路的控制。组合站混合了主站和从站的特点，既能发出命令帧和应答帧，也能接收命令帧和应答帧。

2种链路设置包括不平衡设置和平衡设置。不平衡设置由一个主站及一个或多个从站组成，可支持全双工或半双工传输。平衡设置由两个混合站组成，可支持全双工或半双工传输。

3 种数据传送操作模式有正常响应方式（Normal Response Mode，NRM）、异步响应方式（Asynchronous Response Mode，ARM）和异步平衡方式（Asynchronous Balanced Mode，ABM）。NRM 使用非平衡设置，主站能够初始化到从站的数据传送，从站只能通过传输数据来响应主站的命令。ABM 使用平衡设置，两个混合站都能够初始化数据传输，不需要得到对方混合站的许可。ARM 使用不平衡设置，在主站没有明确允许的情况下，从站能够初始化传输，但主站仍然对线路全权负责，包括初始化、差错恢复以及链路的逻辑断开。NRM 用于多点线路，就是多个终端连接到一个主计算机上。计算机对每个终端进行轮询并采集数据。NRM 有时也用于点对点的链路，特别是当计算机通过链路连接到终端或其他外部设备时。ABM 是这 3 种模式中使用最广泛的一种，由于没有用于轮询的额外开销，所以它比较有效地利用了全双工的点对点链路。ARM 很少被使用，它应用于需要由从站发起传输的某些特殊场合。

在 HDLC 中，数据和控制报文均以帧的标准格式传送。HDLC 的完整帧由标志字段（F）、地址字段（A）、控制字段（C）、信息字段（I）、帧校验序列字段（Frame Check Sequence，FCS）等组成。

（1）标志字段（F）：标志字段为 01111110 的比特模式，用以标志帧的起始和前一帧的终止。标志字段也可以作为帧与帧之间的填充字符。通常，在不进行帧传送时，信道仍处于激活状态，在这种状态下，发送方不断地发送标志字段，便可认为一个新的帧传送已经开始。采用"0 比特插入法"可以实现"0"数据的透明传输。

（2）地址字段（A）：地址字段的内容取决于所采用的操作方式。在操作方式中，有主站、从站、组合站之分。每一个从站和组合站都被分配一个唯一的地址。命令帧中的地址字段携带的是对方站的地址，而响应帧中的地址字段所携带的地址是本站的地址。某一地址也可分配给不止一个站，这种地址称为组地址，利用一个组地址传输的帧能被组内所有属于该组的站接收。但当一个站或组合站发送响应时，它仍须用它唯一的地址。还可用全"1"地址来表示包含所有站的地址，称为广播地址，含有广播地址的帧传送给链路上所有的站。另外，还规定全"0"地址为无站地址，这种地址不分配给任何站，仅作测试用。

（3）控制字段（C）：控制字段用于构成各种命令和响应，以便对链路进行监视和控制。发送方主站或组合站利用控制字段来通知被寻址的从站或组合站执行约定的操作。从站用该字段作为对命令的响应，报告已完成的操作或状态的变化。该字段是 HDLC 的关键。控制字段中的第一位或第一、第二位表示传送帧的类型，HDLC 中有信息帧（I 帧）、监控帧（S 帧）和无编号帧（U 帧）3 种不同类型的帧。控制字段的第五位是 P/F 位，即轮询/终止（Poll/Final）位。

（4）信息字段（I）：信息字段可以是任意的二进制比特串。对比特串长度未进行限定，其上限由 FCS 字段或通信站的缓冲器容量来决定，国际上用得较多的是 1 000～2 000 bit；而下限可以为 0，即无信息字段。但是，监控帧（S 帧）中规定不可有信息字段。

（5）帧校验序列字段（FCS）：帧校验序列字段可以使用 16 位 CRC，对两个标志字段之间的整个帧的内容进行校验。

5. 点对点协议

点对点协议（Point to Point Protocol，PPP）为在点对点连接上传输多协议数据包提供了一个标准的方法。PPP 最初的设计是为两个对等节点之间的 IP 流量传输提供一种封装协议。在 TCP/IP 协议集中，它是一种用来同步调制连接的数据链路层协议，替代了原来非标准的第二层协议，即 SLIP（Serial Line Internet Protocol，串行线路网际协议）。除了 IP 以外，PPP 还可以携带其他协议，包括 DECnet 和 Novell 的互联网分组交换协议（IPX）。

PPP 主要由以下几部分组成。

（1）封装：一种封装多协议数据报的方法。PPP 封装提供了不同网络层协议同时在同一链路上传输的多路复用技术。PPP 封装精心设计，能保持对大多数常用硬件的兼容性。

（2）链路控制协议（LCP）：PPP 提供的 LCP 功能全面，适用于大多数环境。LCP 用于就封装格式选项自动达成一致，处理数据包大小限制、探测环路链路和其他普通的配置错误，以及终止链路。LCP 提供的其他可选功能有认证链路中对等单元的身份，判定链路功能是正常还是链路失败。

（3）网络控制协议（NCP）：一种扩展的链路控制协议，用于建立、配置、测试和管理数据链路连接。

（4）配置：使用链路控制协议的简单和自治机制。该机制也应用于其他控制协议，如网络控制协议。

PPP 链路的连接需要经过以下 5 个阶段。

（1）PPP 链路建立准备阶段

为了在点到点连接中建立通信，PPP 连接的每一端都必须首先发送 LCP 数据包来配置和测试数据连接。在连接建立后，对等实体还有可能需要认证。然后，PPP 必须发送 NCP 数据包来选择一种或多种网络层协议来配置。一旦选中的网络层协议被配置好后，该网络层的数据包就可以在链路上传送了。

链路将保持可配置的状态，直到有 LCP 数据包和 NCP 数据包终止连接，或者由其他外部事件触发时（例如非活动时钟计时已满或网络管理人员的干涉）。一个连接的开始和结束都要经历此阶段。当一个外部事件（例如检测到载波或网络管理人员配置）指示物理层已准备好并可以使用时，PPP 将进入建立连接阶段。

在此阶段，LCP 自动处于初始或正在开始的状态。当进入到建立连接阶段后会引发上传事件，通知 LCP 自动机。一个连接将在调制解调器连接断开后自动返回到此阶段。在使用电话线的连接情况下，这个阶段将相当短，短到很难用仪器检测到它的存在。

（2）链路建立阶段

LCP 通过交换配置数据包建立连接。一旦配置成功信息包（Configure-Ack Packet）被发送且被接收，就完成了交换，便进入了 LCP 开启状态。当 LCP 自动进入已打开状态，并且发送和接收过配置确认数据包时，为建立连接的交换过程才完成。所有的配置选项都被假定为默认值，除非在配置交互的过程中改变。只有与特定网络层协议无关的选项才能被 LCP 配置。单独的网络层协议是在网络层协议阶段由相应的网络控制协议来配置的。

在此阶段接收到的任何非 LCP 数据包将被丢弃。接收到的 LCP 配置请求数据包将使PPP 连接从网络层协议阶段或认证阶段返回到建立连接阶段。

（3）认证阶段

进行某些连接时，在允许网络层协议数据包交换之前希望对对等实体进行认证（默认认证不是必要的）。如果应用时希望对等实体使用某些认证协议进行认证，这种要求必须在建立连接阶段提出。

认证阶段应紧跟在建立连接阶段后。然而，可能有连接质量的问题并行出现，应用时绝对不允许连接质量的问题影响数据包的交换，使认证有不确定的时延。认证阶段后的网络层协议阶段必须等到认证结束后才能开始。如果认证失败，将转而进入终止连接阶段。仅仅是连接控制协议、认证协议、连接质量监测的数据包才被允许在此阶段中出现。所有其他在此阶段中接收到的数据包都将被丢弃。

在这个分阶段，应注意的事项有两个方面。

① 应用时不能简单地因为超时或缺少回应就认为认证失败。应该允许重传，仅当试图认证的次数超过一定的限制时才进入链路终止阶段。

② 如果对方拒绝认证，己方有权进入链路终止阶段。

（4）网络层协议阶段

认证阶段完成之后，PPP 将调用在链路建立阶段选定的各种 NCP。选定的 NCP 解决PPP 链路之上的高层协议问题，例如，在该阶段 IP 控制协议（IPCP）可以向拨入用户分配动态地址。

（5）链路终止阶段

PPP 连接可以随时终止，原因可能是载波丢失、认证失败、连接质量失败、超时计数器溢出，或者网络管理员关闭连接。LCP 通过交换连接终止包来终止连接。当连接正在被终止时，PPP 会通知网络层以便它采取相应的动作。在交换过终止请求包后，将通知物理层断开以便使连接真正终止，尤其是在认证失败时。发送连接终止请求包的一方应等待接收到连接终止确认包之后或超时计数器计满之后再断开。收到连接终止确认包的一方应等待对方首先断开，并且直到至少有一个超时计时器在发送了终止连接确认包之后才能断开，然后结束此次 PPP 通信。

PPP 是目前广域网上应用最广泛的协议之一，它的优点在于简单、具备用户认证能力、可以解决 IP 分配等。

家庭拨号上网就是通过 PPP 在用户端和运营商的接入服务器之间建立通信链路。在宽带接入技术日新月异的今天，PPP 也衍生出新的应用。典型的应用是在非对称数字用户线（ADSL）接入方式当中，PPP 与其他的协议共同派生出了符合宽带接入要求的新的协议，如 PPPoE（PPP over Ethernet）、PPPoA（PPP over ATM）。

利用以太网资源，在以太网上运行 PPP 来进行用户认证接入的方式称为 PPPoE。PPPoE 既保护了用户方的以太网资源，又满足了 ADSL 的接入要求，是宽带接入方式中被广泛应用的一种技术标准。

同样，在异步传输模式（Asynchronous Tansfer Mode，ATM）网络上运行 PPP 来管理用户认证的方式称为 PPPoA。它与 PPPoE 的原理相同，作用相同。不同的是，它是在 ATM 网络上，而 PPPoE 是在以太网上运行，所以要分别适应 ATM 标准和以太网标准。

PPP 的简单完整特性使它得到了广泛的应用，相信在未来的网络技术发展中，它还可以发挥更大的作用。

5.2.6 网络层数据通信

网络层的目的是实现两个端系统之间的数据透明传送，具体功能包括寻址和路由选择，连接的建立、保持和终止等。它提供的服务使传输层不需要了解网络中的数据传输和交换技术。简单而言，"路径选择、路由及逻辑寻址"是网络层功能的基本特点。

通信子网络的源节点和目的节点提供了多条传输路径的可能性。网络节点在收到一个分组后，要确定向下一节点传送的路径，这就是路由选择。在数据报方式中，网络节点要为每个分组路由做出选择。而在虚电路方式中，只需在连接建立时确定路由。确定路由选择的策略称为路由算法。设计路由算法时要考虑诸多技术要素。第一，路由算法所基于的性能指标，是选择最短路由还是选择最优路由；第二，要考通信子网是采用虚电路还是数据报方式；第三，是采用分布式路由算法，即每节点均为到达的分组选择下一步的路由，还是采用集中式路由算法，即由中央节点或始发节点来决定整个路由；第四，要考虑关于网络拓扑、流量和时延等网络信息的来源；第五，确定是采用动态路由选择策略，还是选择静态路由选择策略。

（1）典型的路由选择方式有两种：静态路由和动态路由

静态路由是在路由器中设置的固定的路由表。除非网络管理员干预，否则静态路由不会发生变化。静态路由不能对网络的改变做出反应，一般用于网络规模不大、拓扑结构固定的网络中。静态路由的优点是简单、高效、可靠。在所有的路由中，静态路由优先级最高。当动态路由与静态路由发生冲突时，以静态路由为准。

动态路由是网络中的路由器之间相互通信，传递路由信息，利用收到的路由信息更新路由表的过程。它能实时地适应网络结构的变化。如果路由更新信息，则表明网络发生了变化，路由选择软件就会重新计算路由，并发出新的路由更新信息。这些信息通过各个网络引起各路由器重新启动其路由算法，并更新各自的路由表以动态地反映网络的拓扑变化。动态路由适用于规模大、网络拓扑复杂的网络。当然，各种动态路由协议会不同程度地占用网络带宽和 CPU 资源。

（2）动态路由选择协议又分为距离矢量、链路状态和平衡混合 3 种

① 距离矢量（Distance Vector）路由协议计算网络中所有链路的矢量和距离，并以此为依据确认最佳的路径。使用距离矢量路由协议的路由器定期向其相邻的路由器发送全部或部分路由表。典型的距离矢量路由协议是 RIP 和 IGRP。

② 链路状态（Link State）路由协议使用为每个路由器创建的拓扑数据库来创建路由表，每个路由器通过此数据库建立一张整个网络的拓扑图。在拓扑图的基础上通过相应的路由算法计算出通往各目标网段的最佳路径，并最终形成路由表。典型的链路状态路由协议是开放最短路径优先（OSPF）、IS-IS 协议。

③ 平衡混合（Balanced Hybrid）路由协议结合了链路状态和距离矢量两种协议的优点，此类协议的代表是增强型内部网关路由协议（EIGRP）。

静态路由和动态路由有各自的特点和适用范围，因此在网络中动态路由通常作为静态路由的补充。当一个分组在路由器中寻径时，路由器首先查找静态路由，如果查到则根据相应的静态路由转发分组，否则再查找动态路由。

另外，根据是否在一个自治域内部使用动态路由协议可分为内部网关协议（Interior Gateway Protocol，IGP）和外部网关协议（Extorior Gateway Protocol，EGP）。这里的自治域是指一个具有统一管理机构、统一路由策略的网络。自治域内部采用的路由选择协议称为内部网关协议，常用的有 RIP、OSPF、IS-IS。外部网关协议主要用于多个自治域之间的路由选择，常用的是 BGP（Border Gateway Protocol，边界网关协议）-4。

（3）IGP 协议简要介绍

① RIP/RIP2：路由信息协议（Routing Information Protocol，RIP/RIP2）。RIP 是一种内部网关协议。RIP 设计的主要初衷是利用同类技术与大小适度的网络一起工作，因此

通过速度变化不大的接线连接，RIP 比较适用于简单的校园网和区域网，但并不适用于复杂网络的情况。RIP2 由 RIP 而来，属于 RIP 协议的补充协议，主要用于扩大 RIP 信息装载的有用信息的数量，同时增加其安全性能。

② OSPF：开放最短路径优先（OSPF）是一个内部路由协议，属于单个自治体系（AS）。OSPF 采用链状结构，便于路由器发送其他路由器也需要的直接连接和链接信息。每个 OSPF 具有相同的拓扑结构数据库。从这个数据库里，建立最短路径树，计算出路由表。当拓扑结构发生变化时，利用路由选择协议流量最小值，OSPF 重新迅速计算出路径。OSPF 支持等值多路径。

③ IS-IS（Intermediate System to Intermediate System，中间系统到中间系统）是链路状态协议，它采用最短路径优先算法来计算通过网络的最佳路径。IS-IS 提供两级路由——层次 1（Level 1，L1）路由，区域间通过层次 2（Level 2，L2）路由进行互联，L2 路由域有时也被称为核心。

④ IGRP/EIGRP（Interior Gateway Routing Protocol/Enhanced Interior Gateway Routing Protocol，内部网关路由协议/高级内部网关路由协议）。IGRP 是一种距离向量型的内部网关协议（IGP）。距离向量路由协议要求每个路由器以规定的时间间隔向其相邻的路由器发送其路由表的全部或部分内容。

EIGRP 是加强型的 IGRP，结合了距离向量和链路状态的优点以加快收敛，所使用的方法是弥散更新算法（Diffusing Update Algorithm，DUAL）。当路径更改时，DUAL 会传送变动的部分而不是整个路径表，而路由器都存储着邻近的路径表，当路径变动时，路由器可以快速反应，EIGRP 也不会周期性地传送变动信息以节省带宽。另外值得特别指出的是，EIGRP 具有支持多个网络层协议的功能。

（4）EGP 协议简要介绍

目前主要使用的 EGP 协议是 BGP-4。BGP 用来在 AS 之间实现网络可达信息的交换，整个交换过程要求在可靠的传输连接基础上实现。这样做有许多优点，BGP 可以将所有的差错控制功能交给传输协议来处理，而其本身就变得简单多了。BGP 使用 TCP 作为其传输协议，默认端口号为 179。与 EGP 相比，BGP 有许多不同之处，其最重要的革新就是采用路径向量的概念和对 CIDR（Classless Inter-Domain Routing，无类别域间路由）技术的支持。路径向量中记录了路由路径上所有 AS 的列表，这样可以有效地检测并避免复杂拓扑结构中可能出现的环路问题。对 CIDR 的支持减少了路由表项，从而加快了选路速度，也减少了路由器间所要交换的路由信息。另外，BGP 一旦与其他 BGP 路由器建立对等关系，其仅在最初的初始化过程中交换整个路由表，此后只有当自身路由表发生改变时，BGP 才会更新报文并将其发送给其他路由器，且该报文中仅包含那些发生改变的路由，这样不但减少了路由器的计算量，而且节省了 BGP 所占带宽。

5.2.7 数据通信技术方案

在数据通信网络的发展过程中，随着远程通信技术方式的不断演进，为实现异质网络的有效互联，出现了 X.25、FR（帧中继）、DDN（数字数据网）、ATM 等不同的技术方案。每一种方案都有其特有的技术特点，它们的出现极大地丰富了网络互联的形式。

1. X.25 对应的 OSI 参考模型

X.25 建议书将数据网的通信功能划分为 3 个独立的层次，即物理层、数据链路层和分组层，对应 OSI 参考模型的物理层、数据链路层和网络层。其中每一层的通信实体只利用下一层所提供的服务，而不管下一层如何实现。每一层接收到上一层的信息后，加上控制信息（如分组头、帧头），最后形成在物理媒体上传送的比特流。

2. FR 对应的 OSI 参考模型

帧中继将 X.25 网络的下三层协议进一步简化，将差错控制、流量控制推到网络的边界，从而实现轻载协议网络。帧中继数据链路层规程采用 LAPD（D 信道链路访问规程，是 ISDN 的第二层协议）的核心部分，称为 LAPF（帧方式链路访问规程），是 HDLC 的子集。

与 X.25 相比，帧中继在第二层增加了路由的功能，但它取消了其他功能。例如，在帧中继节点不进行差错纠正，因为帧中继技术建立在误码率很低的传输信道上，差错纠正的功能由端到端的计算机完成。帧中继网络中的节点将舍弃有错的帧，由终端的计算机负责差错的恢复，这样就减轻了帧中继交换机的负担。

FR 在第二层增加了路由功能，具备 OSI 参考模型的数据链路层的功能。

3. DDN 对应的 OSI 参考模型

DDN 是数字数据网，由于是采用数字信道来传输数据信息的，而且是传输网，没有交换功能，故而对应 OSI 参考模型的物理层。

4. ATM 对应的 OSI 参考模型

ATM 的分层结构参考 B-ISDN 协议参考模型，该协议参考模型分成 3 个平面，分别表示用户信息、控制和管理 3 个方面的功能。协议参考模型包括 4 层功能，分别是物理层、ATM 层、ATM 适配层（AAL 层）、高层。到目前为止，ITU-T 并没有就 ATM 分层结构和 OSI 参考模型之间的对应关系做出明确的定义。

ATM 的物理层包括两个子层，即物理介质子层（Physical Media，PM）和传输汇聚子层（Transmission Coverage，TC）。其中物理介质子层提供比特传输能力，对比特定时和线路编码等方面作出了规定，并针对所采用的物理介质定义其相应的特性。传输汇聚子层的主要功能是实现比特流和信元流之间的转换。ATM 的物理层或多或少地对应于 OSI 模型的第一层，而且主要完成比特级的功能。

ATM 层处理从源端到目的端的信元，在 ATM 交换机中的确包含了路由选择算法和协议，它也处理全局寻址问题。ATM 层横跨 OSI 模型的第一层和第二层，大致处理相当于 OSI 物理层上部和数据链路层下部的一些功能。

从分层结构上说，AAL 层位于 ATM 层和高层之间，主要完成不同信息类型的适配和一些相关的控制功能。由于 AAL 层对应着 3 个平面，不同平面中 AAL 层的信息类型不同，故难以确定 AAL 层与 OSI 模型的对应关系。就控制面来说，AAL 负责对信令进行适配，这主要表现在连接建立和释放阶段，此时 AAL 所提供的业务大致与 OSI 模型中数据链路层所提供的业务相当。管理面基本上也类似 OSI 中数据链路层的功能，如支持无连接业务时，AAL 3/4 类型对用户数据的适配控制，但又有些像 OSI 模型中第四层的较低部分，特别是在使用简化的适配协议 AAL5 的情况下。

5. LAN 对应的 OSI 参考模型

LAN（局域网）由物理层、介质访问控制层和逻辑链路控制层组成，相当于 OSI 参考模型下面的两层，但从严格意义上讲，两者还是有差异的，这种差异从图 5-20 中可以反映出来。

图 5-20 IEEE 局域网模型和 OSI 参考模型的对比

5.3 数据通信寻址和交换方式

5.3.1 通信寻址

实现通信的基础是通信路由的选择和建立（寻址）。常见寻址编码如下。

1. E.164

根据 CCITT 的 E.164 标准的规定，标准的电话号码格式由国家（地区）码、区域码及一般电话号码 3 部分组成：国家（地区）码（1～3 位数字）+区位码（M 个数字）+一般电话（最多为 15-M 个数字）。国际电联将国家（地区）码授权给国家（地区）实体进行管理，国家（地区）码之后的数字号码由这个国家（地区）进行管理和分配，但是基本的分配原则仍是遵循规定的分级授权管理策略。

2. X.121

X.121 是公用数据网的国际编号方案，指的是用于描述 X.25 网络编址方案的 ITU-T 标准。X.121 地址有时也称作 IDNS（国际数据码）。

X.121 地址最大为 14 位十进制数，即 4 位十进制数据网标识码（Data Network Identifier Code，DNIC）加上多达 10 位十进制数网络终端号（Network Termination Number，NTN），或者 3 位十进制数数据国家（地区）代码（Data Country Code，DCC）加上多达 11 位十进制数网内编号（Network Number，NN）。

3. ATM 寻址

在最简单的层中，ATM 地址的长度是 20 字节，并分为 3 个不同的部分。

（1）网络前缀

前面的 13 字节标识网络中特定交换机所在的位置。这部分地址的使用情况根据其地址格式的不同会有很大变化。3 个标准 ATM 寻址方案中的每一个都提供不同的 ATM 交换机位置的信息。这些方案包括数据国家（地区）代码（DCC）格式、国际代码标识符（International Code Identifier，ICD）格式，以及 ITU-T 对于在宽带 ISDN 网络中使用国际电话编码而建议的 E.164 格式。

（2）适配器媒体访问控制地址

接下来的 6 字节标识一个物理端点，例如，特定的 ATM 网卡，它使用制造商为 ATM 硬件物理指派的介质访问控制层地址。ATM 硬件介质访问控制地址的使用和指派与以太网、令牌环及其他 IEEE 802.x 技术中的寻址方法相同。

（3）选择器

最后一个字节用来在物理 ATM 适配器上选择一个逻辑连接端点。

尽管所有 ATM 地址都是这种基本的 3 段结构，但是前面 13 字节的格式有很大差别，这种差别取决于寻址格式或该 ATM 网络是公用的还是专用的。

5.3.2 数据通信交换方式

在由各种终端设备组成的数据通信网中，实现任意两个终端的相互通信，最简单且最直观的方法是把所有的终端两两相连，构成全互连式数据通信网。但是当终端数目较多或通信设备之间的距离很远时，全互连通信网中的连线数量大，终端线路接口多，资源利用率低，成本高，所以不实用或根本无法实现。克服全互连式通信网缺点的有效方法是在数据通信网中引入交换设备，每个终端通过一条专用线路连接到交换网络的节点上，任意两个终端通过交换网络建立通信链路来进行数据通信，这就构成了交换式数据通信网。在计算机网络及通信系统中常谈到的交换方式有电路交换（Circuit Switching）、报文交换（Message Switching）和分组交换（Packet Switching）等。

1. 电路交换

电路交换（见图5-21）主要应用于电话通信网，是通信网中最早出现的一种交换方式。电路交换过程包括建立连接、通信和释放连接。电路交换在通信之前要在通信双方之间建立一条被双方独占的物理通路（由通信双方之间的交换设备和链路逐段连接而成），电路交换一旦建立，就占用一条中继线路，不允许其他终端使用。电路交换建立的连接对用户来说是透明的，这就使得在两个通信终端之间不仅可以传输语音，还可传输数字数据。在数据通信的发展初期，采用电路交换进行数据通信具有广泛的应用。

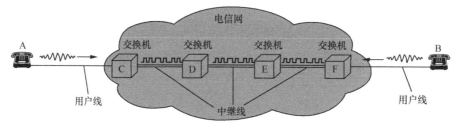

图 5-21　电路交换

电路交换具有以下优点。

（1）由于通信线路为通信双方用户专用，数据直达，所以传输数据的时延非常小。

（2）通信双方之间的物理通路一旦建立，双方可以随时通信，实时性强。

（3）双方通信时按发送顺序传送数据，不存在失序问题。

（4）电路交换既适用于传输模拟信号，也适用于传输数字信号。

（5）电路交换的交换设备（交换机等）及控制均较简单。

电路交换具有以下缺点。

（1）电路交换的平均连接建立时间对计算机通信来说比较长。

（2）电路交换连接建立后，物理通路被通信双方独占，即使通信线路空闲，也不能供其他用户使用，因而信道利用率低。

（3）电路交换时，数据直达，不同类型、不同规格、不同速率的终端很难相互通信，也难以在通信过程中进行差错控制。

2. 报文交换

当端点间交换的数据具有随机性和突发性时，采用电路交换方式的缺点是信道容量和有效时间的浪费。采用报文交换则不存在这种问题。

报文交换方式的数据传输单位是报文，报文就是站点一次性要发送的数据块，其长度不限且可变。当一个站要发送报文时，它将一个目的地址附加到报文上，网络节点根据报文上的目的地址信息，逐个节点地转送到目的节点。每个节点在收到整个报文并检查无误后，就暂存这个报文，然后利用路由信息找出下一个节点的地址，再把整个报文传送给下一个节点。因此，端与端之间无须先通过呼叫建立连接。一个报文在每个节点的时延，等于接收报文所需的时间加上向下一个节点转发所需的排队时延之和。

报文交换具有以下优点。

（1）报文交换不需要为通信双方预先建立一条专用的通信线路，不存在连接建立时延，用户可随时发送报文。

（2）存储转发的传输方式具有下列优点。

① 在报文交换中便于设置代码检验和数据重发设施，加之交换节点还具有路径选择，就可以做到某条传输路径发生故障时，重新选择一条路径传输数据，提高了传输的可靠性。

② 在存储转发中容易实现代码转换和速率匹配，甚至收发双方可以不同时处于可用状态，这样就便于类型、规格和速度不同的计算机之间进行通信。

③ 提供多目标服务，即一个报文可以同时发送到多个目的地址，这在电路交换中是很难实现的。

④ 允许建立数据传输的优先级，使优先级高的报文优先传输。

（3）通信双方不是固定占有一条通信线路，而是在不同的时间段部分占有这条物理通路，因而大大提高了通信线路的利用率。

报文交换具有以下缺点。

（1）由于数据进入交换节点后要经历存储、转发这一过程，转发时延（包括接收报文、检验正确性、排队、发送时间等）增加，而且网络的通信量越大，造成的时延就越大，因此报文交换的实时性差，不适合传送实时或交互式业务的数据。

（2）报文交换只适用于传输数字信号。

（3）由于报文长度没有限制，而每个中间节点都要完整地接收传来的整个报文，当输出线路比较忙时，还可能要存储几个完整报文等待转发，这就要求网络中每个节点有较大的缓冲区。为了降低成本，减少节点的缓冲存储器的容量，有时要把等待转发的报文存在磁盘上，进一步增加了传送时延。

3. 分组交换

分组交换也称为包交换，它将用户通信的数据划分成多个更小的等长数据段，在每个数据段的前面加上必要的控制信息（携带源、目的地址和编号信息）作为数据段的首部，每个带有首部的数据段就构成了一个分组。首部指明了该分组发送的地址，当交换机收到分组之后，将根据首部中的地址信息将分组转发到目的地，这个过程就是分组交换。

分组交换的本质就是存储转发，它将所接收的分组暂时存储下来，在目的方向路由上排队，当它可以发送信息时，再将信息发送到相应的路由上，完成转发。其存储转发的过程就是分组交换的过程。分组交换的思想来源于报文交换，所不同的是分组交换的最小信息单位是分组，而报文交换则是一个报文。由于以较小的分组为单位进行传输和交换，所以分组交换比报文交换快。报文交换主要应用于公用电报网中。

分组交换具有以下优点。

（1）加速数据在网络中的传输。因为分组是逐个传输的，可以使后一个分组的存储操作与前一个分组的转发操作并行，这种流水线式的传输方式减少了报文的传输时间。此外，传输一个分组所需的缓冲区比传输一份报文所需的缓冲区小得多，这样因缓冲区不足而等待发送的概率及等待的时间也必然少得多。

（2）简化存储管理。因为分组的长度固定，相应的缓冲区的大小也固定，在交换节点中存储器的管理通常被简化为对缓冲区的管理，相对比较容易。

（3）减少出错机率和重发数据量。因为分组较短，其出错概率必然减少，每次重发的数据量也就大大减少，这样不仅提高了可靠性，也减少了传输时延。

（4）适合突发通信场景。由于分组短小，更适用于采用优先级策略，便于及时传送一些紧急的数据，因此对于计算机之间的突发式的数据通信，分组交换显然更为合适些。

然而，分组交换同时具有以下缺点。

（1）尽管分组交换比报文交换的传输时延小，但仍存在存储转发时延，而且其节点交换机必须具有更强的处理能力。

（2）分组交换与报文交换一样，每个分组都要加上源地址、目的地址和分组编号等信息，使传送的信息量增加，一定程度上降低了通信效率，增加了处理的时间，使控制复杂，时延增加。

（3）当分组交换采用数据报服务时，可能出现失序、丢失或重复分组等现象，分组到达目的节点时，要对分组按编号进行排序等工作，增加了工作量。若采用虚电路服务，虽无失序问题，但有呼叫建立、数据传输和虚电路释放 3 个过程。总之，若要传送的数据量很大，且其传送时间远大于呼叫时间，则采用电路交换较为合适；当端到端的通路由很多段的链路组成时，采用分组交换传送数据较为合适。从提高整个网络的信道利用率上看，报文交换和分组交换优于电路交换，其中，分组交换比报文交换的时延小，尤其适合于计算机之间的突发式的数据通信。

图 5-22 所示是几种交换方法的时序图，可以直观对比几种交换方法的区别。电路交换在数据传输之前必须先设置一条完整的通路。在线路释放之前，该通路由一对用户完全占用。电路交换效率不高，适合于较轻和间接式负载使用租用的线路进行通信。报文交换中报文从源点传送到目的地采用存储转发的方式，报文需要排队。因此报文交换不适合于交互式通信，不能满足实时通信的要求。分组交换方式和报文交换方式类似，将报文分组传送，并规定了最大长度。分组交换技术是在数据网中使用最广泛的一种交换技术，适用于交换中等或大量数据的情况。

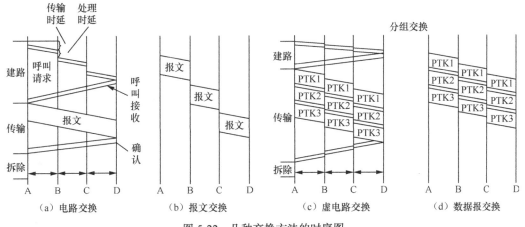

图 5-22　几种交换方法的时序图

本章小结

本章首先从信号与信道的含义入手，介绍了数据传输的基础知识，为后续数据通信技术的展开打下了基础；其次，本章向读者进一步阐述了数据通信协议的含义和分类，介绍了数据通信技术的几种方案并总结了它们的技术特点；最后，本章详细介绍了数据通信的寻址方式和交换方式，为读者完整地阐述了数据通信的各项相关技术。

本章习题

1. 单工、半双工及全双工通信方式是按什么标准分类的？解释它们的工作方式并举例说明。

2. 数据传输形式基本上可分为两种：基带传输和_____。

3. 什么是多路复用？常用的多路复用技术有哪些？

4. 物理层的接口有哪几个方面的特性？各包括什么内容？

5. PPP 的优点有哪些？

6. 在通信网中引入交换机的目的是什么？已经出现的交换方式有哪些？

7. 电路交换主要应用于（　　　）。

A. 电话通信网　　　　B. 因特网　　　　C. 5G 通信网　　　　D. IP 路由网

第6章

无线局域网技术

▶ **学习目标**

掌握无线局域网的基本原理与特点；熟悉无线局域网发展历程及主要标准；理解无线局域网的数据通信技术原理。

▶ **本章知识点**

（1）无线局域网的概念与技术特点

（2）无线局域网的发展历程

（3）IEEE 802.11 a/b/g/n/i 等无线局域网主流标准

（4）无线局域网物理层关键技术

（5）无线局域网链路层关键技术

▶ **内容导学**

以 Wi-Fi 为代表的无线局域网技术已成为家庭、企业、高校等组织的网络的重要通信方式，WLAN 技术运行在开放频段上，可灵活地根据需求广泛部署，是计算机网络在终端侧的有效接入手段。

在学习本章内容时，应重点关注以下内容。

（1）理解典型无线局域网技术的频段使用规则

IEEE 802.11 系列标准所占用的频段主要集中在 2.4 GHz 和 5 GHz。IEEE 802.11b/g/n 使用 2.4 GHz ISM 频段（2.4 ~ 2.4835 GHz）。起始频点是 2.412 GHz（信道号为 1），有 14 个信道，我国仅使用 1 ~ 13 的 13 个信道。802.11b/g 占用带宽为 22 MHz（99%能量），所以频

点间隔为 25 MHz 才算互不干扰信道，一般把 1、6、11 或 1、7、13 称为互不交叠信道。IEEE 802.11a/n 可以使用无许可证的国家信息基础设施（Unlicensed National Information Infrastructure，UNII）的 UNII-1（5.15～5.25 GHz）、UNII-2（5.25～5.35 GHz）、UNII-3（5.725～5.825 GHz）以及 UNII 附加（5.470～5.725 GHz）频段总共 555 MHz 的射频信道。

（2）掌握无线局域网各种标准技术的先进性

IEEE 802.11b/g/n 是当前主流的 WLAN 标准，被多数厂商所采用，所推出的产品广泛应用于办公室、家庭、宾馆、车站、机场等众多场合。IEEE 802.11i 标准主要是克服 IEEE 802.11 在安全性能方面存在的不足，对 WLAN MAC 层进行了修改与整合，定义了严格的加密格式和鉴权机制，以改善 WLAN 的安全性。

（3）掌握无线局域网的物理层关键技术

WLAN 需要采用合适的物理层调制技术，其关键技术大致有 3 种：直接序列扩频（Direct Sequence Spread Spectrum，DSSS）技术、分组二进制卷积编码（Packet Binary Convolutional Code，PBCC）技术以及正交频分复用（OFDM）技术。目前，结合 MIMO 技术的 OFDM 调制方式是新的 Wi-Fi6 标准所采用的技术，需重点关注、掌握其原理。

（4）掌握无线局域网的链路层关键技术

在 WLAN 中，媒介接入控制（Media Access Control，MAC）协议主要是带冲突避免的载波监听多路访问（Carrier Sense Multiple Access with Collision Avoidance，CSMA/CA）技术，DCF（Distributed Coordination Function，分布协调功能）是一种典型的基于 CSMA/CA 的随机接入协议，采用二进制指数退避（Binary Exponential Backoff，BEB）机制来避免可能的传输冲突，读者应当通过理解 DCF 接入过程来掌握 CSMA/CA 防碰撞机制。

6.1 无线局域网概述

6.1.1 各种无线局域网技术定位

本小节将重点介绍 Wi-Fi、蓝牙、ZigBee 三种无线局域网技术，它们大多应用于工业、科学和医疗（Industrial Scientific Medical，ISM）频段，不需要频谱授权。

1. Wi-Fi

电气和电子工程师协会（IEEE）在 20 世纪 90 年代初成立了专门的 802.11 工作组，专门研究和制定 WLAN（无线局域网）标准协议，并在 1997 年 6 月推出了第一代 WLAN 协议——IEEE 802.11-1997，规定 WLAN 运行在 2.4 GHz，最大速率为 2 Mbit/s。

1999 年 IEEE 批准通过了速率更高的 802.11b 修订案，最高速率支持 11 Mbit/s，且成本更低。802.11b 产品在 2000 年初就登陆市场。2.4 GHz 的 ISM 频段为世界上绝大多数国家和地区通用，因此 802.11b 获得了广泛的应用。

Wi-Fi 联盟成立于 1999 年，当时叫作 Wireless Ethernet Compatibility Alliance（WECA）。品牌咨询公司 Interbrand 创造并商用化使用了 Wi-Fi 一词。Wi-Fi 一词比 802.11b 的名称更具吸引力，Wi-Fi 一词由此而来。

随着 Wi-Fi 标准的演进，Wi-Fi 联盟为了便于 Wi-Fi 用户和设备厂商轻松了解其设备支持的 Wi-Fi 型号，选择使用数字序号来对 Wi-Fi 进行重新命名。根据 Wi-Fi 联盟的公告，现在的 Wi-Fi 对应的 802.11 修订案与新命名如表 6-1 所示。

表 6-1　802.11 标准修订案与新命名

发布年份	802.11 标准修订案	工作频段	峰值速率	新命名
1997	802.11-1997	2.4 GHz	2 Mbit/s	
1999	802.11b	2.4 GHz	11 Mbit/s	Wi-Fi 1
1999	802.11a	5 GHz	54 Mbit/s	Wi-Fi 2
2003	802.11g	2.4 GHz	54 Mbit/s	Wi-Fi 3
2009	802.11n	2.4 GHz 或 5 GHz	600 Mbit/s	Wi-Fi 4
2013	802.11ac wave1	5 GHz	1 700 Mbit/s	Wi-Fi 5
2015	802.11ac wave2	5 GHz	6 900 Mbit/s	Wi-Fi 5
2019	802.11ax	2.4 GHz 或 5 GHz	9 600 Mbit/s	Wi-Fi 6

1999 年，IEEE 又补充发布了 802.11a 修订案，采用了与原始标准相同的核心协议，但工作频率为 5 GHz。802.11a 引入正交频分复用（OFDM）技术，最高数据传输速率提升至 54 Mbit/s（实际传输速率为 24.7 Mbit/s）。802.11a 也被称为 Wi-Fi 2。

2001 年美国联邦通信委员会（Federal Communications Commission，FCC）允许在 2.4 GHz 频段上使用 OFDM 技术，因此 802.11 工作组在 2003 年制定了 802.11g 修订案。802.11g 可实现 54 Mbit/s 的峰值传输速率（实际传输速率为 24.7 Mbit/s），并能够与 802.11 后向兼容。802.11g 又被称为 Wi-Fi 3，其工作于 2.4 GHz 频段，且速率较高，因而大受欢迎，直接促成了 WLAN 技术的普及。

2009 年，IEEE 宣布了新的 802.11n 标准。802.11n 增加了使用 MIMO 的标准，使用多个发射无线和接收天线来达到更高的数据传输速率，并使用 Alamouti 于 1998 年提出的空时分组码来增加传输范围。802.11n 又被称为 Wi-Fi 4。

2013 年，Wi-Fi 5（802.11ac）发布，采用 5 GHz 频段，天线最高数据传输速率可以达到 866 Mbit/s，8×8 MIMO 理论速率可达 6.9 Gbit/s。802.11ac 在提供良好的后向兼容性的同时，把每个通道的工作频宽提升到 80 MHz 和 160 MHz，调制方式由 64 QAM 升级至 256 QAM。

传统 Wi-Fi 网络的实际吞吐量远低于标称峰值速率，因为 IEEE 802.11 最基本的媒体访问方法为分布协调功能（DCF），其核心是带冲突避免的载波侦听多路访问（CSMA/CA），包括载波检测机制、帧间隔和随机退避规程。随着更多终端的接入，整个网络冲突的增加，效率不断降低，难以适应高密用户的接入访问。随着视频会议、虚拟现实（Virtual Reality，VR）、移动教学等业务应用越来越丰富，Wi-Fi 接入终端将越来越多。此外，物联网的发展更是带来了海量用户，甚至以前接入终端较少的家庭 Wi-Fi 网络，也将随着越来越多的智能家居设备的接入而变得拥挤。因此，Wi-Fi 网络在不断提升速率的同时，还需要考虑如何适应不断增加的接入终端数量，以及满足不同应用的用户体验需求。

早在 2014 年，IEEE 802.11 工作组就已经开始着手应对这一挑战，并在 2019 年正式推出的 802.11ax（Wi-Fi6）修订案中引入 3 上行 MU-MIMO、正交频分多址接入（Orthogonal Frequency Division Multiple Access，OFDMA）、1024 QAM 高阶编码等技术，从频谱资源利用率、多用户接入等方面解决了网络容量和传输效率问题。Wi-Fi6 支持 8 个设备同时上行/下行，数量是 Wi-Fi 5 的两倍，因此，Wi-Fi 6（802.11ax）也被称为"高效无线（High-Efficiency Wireless，HEW）"。和以往每次发布新的 802.11 修订案一样，802.11ax 也兼容之前的 802.11ac/n/g/a/b 标准，旧的终端一样可以无缝接入 Wi-Fi 6 网络。

2. 蓝牙

随着通信技术的迅速发展，人们提出了在自身附近几米范围之内通信的需求，这样就出现了个人区域网络（Personal Area Network，PAN）和无线个人区域网络（Wireless Personal Area Network，WPAN）的概念。WPAN 为近距离范围内的设备建立无线连接，把多个设备通过无线的方式连接在一起，使它们可以相互通信甚至接入 LAN 或互联网。

蓝牙（Blue Tooth）就是一种为在个人操作空间（Personal Operating Space，POS）内相互通信的无线设备提供联网的无线技术。能在包括移动电话、PDA、无线耳机、笔记本电脑、相关外设等众多设备之间进行无线信息的交换。

注：POS 一般是指用户附近 10 m 左右的空间范围，在这个范围内用户可以是固定的，也可以是移动的。

蓝牙工作于 2.4 GHz ISM 频段，采用 FHSS 技术，一般使用 79 个信道，每信道带宽为 1 MHz，跳频速率为 1 600 Hz。

蓝牙主要负责处理移动设备间的小范围连接，是可以在较短距离内取代线缆的连接方案。此外，蓝牙克服了红外技术的缺陷，可穿透墙壁等障碍，通过统一的短距离无线链路，在各种数字设备之间实现灵活、安全、低成本、小功耗的语音和数据通信。

最新的"蓝牙 5.0 标准"是蓝牙技术联盟于 2016 年 6 月发布的新一代蓝牙技术标准，

其支持的蓝牙 Mesh 功能可提供多对多设备的传输功能，提高了网络覆盖的通信效能，适用于为数以万计的设备在可靠、安全的环境下传输的物联网场景。蓝牙组网应用空间较大，在智能家居、楼宇自动化、商业照明、工业传感器网络和自动跟踪等领域具有很大的应用潜力。

3．ZigBee

ZigBee（紫峰）是基于 IEEE 802.15.4 标准的低速率无线个域网（LR-WPAN）技术，主要应用于自动控制和远程控制领域，可以嵌入各种设备。

在 ZigBee 网络中，根据设备所具有的通信能力，可以分为全功能设备（Full-Function Device，FFD）和精简功能设备（Reduced-Function Device，RFD）。FFD 设备之间以及 FFD 设备与 RFD 设备之间都可以通信。RFD 设备之间不能直接通信，只能与 FFD 设备通信，或者通过一个 FFD 设备向外转发数据。这个与 RFD 相关联的 FFD 设备称为该 RFD 的协调器。RFD 设备主要用于简单的控制应用，如灯的开关、被动式红外线传感器等，传输的数据量较少，对传输资源和通信资源占用不多，因此 RFD 设备可以采用低成本的实现方案。

ZigBee 具有低功耗、低成本、低速率、近距离、短时延、高容量等特点。它不需要授权频谱，采用直接序列扩频的方式工作在 ISM 频段，频段分别为 2.4 GHz（全球）、915 MHz（美国）和 868 MHz（欧洲）。ZigBee 的传输范围一般介于 10~100 m，通信速率为 20~250 kbit/s（2.4 GHz 支持 250 kbit/s，915 MHz 支持 40 kbit/s，868 MHz 支持 20 kbit/s），满足低速率传输的应用需求。

与 Wi-Fi 及蓝牙相比，低功耗特性是 ZigBee 最突出的优势。在低功耗待机模式下，2 节 5 号电池可支持单个节点工作 6~24 个月。除此之外，ZigBee 协议相比 Wi-Fi 及蓝牙进行了大幅精简，因此成本较低。

ZigBee 主要应用在空调系统的温度控制、照明自动控制、窗帘自动控制、煤气计量、家电远程控制、智能型标签、烟雾探测器、智慧农业土壤信息收集、气候数据采集、医疗传感器等领域。

6.1.2　无线局域网采用的非专用频段

IEEE 802.11 系列标准所占用的频段主要集中在 2.4 GHz 和 5 GHz。

IEEE 802.11b/g/n 使用 2.4 GHz ISM 频段（2.4~2.4835 GHz）（见表 6-2）。起始频点是 2.412 GHz（信道号为 1）（见图 6-1），有 14 个信道，我国仅使用 1~13 的 13 个信道。802.11b/g 占用带宽为 22 MHz（99%能量），所以频点间隔 25 MHz 才算互不干扰信道，一般把 1、6、11 或 1、7、13 称为互不交叠信道。

表 6-2 2.4 GHz 信道频率

信道	中心频率（MHz）	信道低端/高端频率（MHz）
1	2412	2401/2423
2	2417	2406/2428
3	2422	2411/2433
4	2427	2416/2438
5	2432	2421/2443
6	2437	2426/2448
7	2442	2431/2453
8	2447	2436/2458
9	2452	2441/2463
10	2457	2446/2468
11	2463	2451/2473
12	2467	2456/2478
13	2472	2461/2483
14	2477	2466/2488

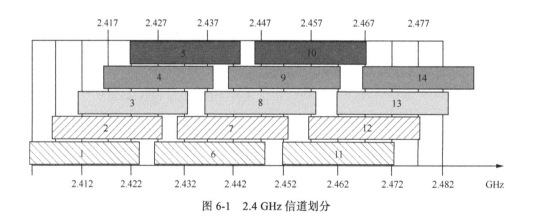

图 6-1 2.4 GHz 信道划分

IEEE 802.11a/n 可以使用无许可证的国家信息基础设施的 UNII-1（5.15～5.25 GHz）、UNII-2（5.25～5.35 GHz）、UNII-3（5.725～5.825 GHz）以及 UNII 附加（5.470～5.725 GHz）频段总共 555 MHz 的射频信道。

各国对于允许的传输功率以及 UNII 波段是否可以用于 Wi-Fi 有着各自的法规，尤其是提供连续 200 MHz 带宽（5.15～5.35 GHz）的 UNII-1 和 UNII-2 频段（共有 8 个非重叠信道）。UNII-3 另有 100 MHz 频段可用，UNII 附加频段还有 255 MHz。两个相邻 Wi-Fi 物理信道的中心频率相距 20 MHz，中心频率分别对应 UNII-1 频段的 36、40、44 和 48 号信道，UNII-2 频段的 52、56、60 和 64 号信道。澳大利亚、新西兰和美国都批准了 UNII-1 和 UNII-2（8 个信道），新加坡批准了 UNII-1（4 个信道）。美国为 IEEE 802.11a 在 5170～5330

MHz 频段、5470～5725 MHz 和 5735～5815 MHz 频段内分配了 23 个 20 MHz 带宽的信道，共有频率 460 MHz。欧洲国家为 IEEE 802.11a 在 5170～5230 MHz 频段和 5490～5710 MHz 频段内分配了 19 个 20 MHz 带宽的信道，共有频率 380 MHz。我国的 IEEE 802.11a 采用 5.8 GHz 频段（5.725～5.850 GHz），以 5 MHz 为间隔统一信道号，可用信道数为 5，信道号分别为 149、153、157、161、165（见表 6-3、图 6-2）。虽然这 5 个信道是可用的，但是目前一般设备只支持工作在其中的 4 个信道上，信道号分别为 149、153、157 和 161。802.11a 占用的带宽是 20 MHz，因此中心频率间隔为 20 MHz 就可以互不干扰。

表 6-3　5.8 GHz 信道频率

信道	中心频率/MHz	信道低端/高端频率/MHz
149	5745	5735/5755
153	5765	5755/5775
157	5785	5775/5795
161	5805	5795/5815
165	5825	5815/5835

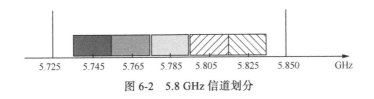

图 6-2　5.8 GHz 信道划分

6.1.3　无线局域网的特点

无线局域网的优点和缺点都非常明显。

优点如下。

（1）灵活性和移动性。在有线网络中，网络设备的安放位置受网络位置的限制，而无线局域网在无线信号覆盖区域内的任何一个位置都可以接入网络。无线局域网另一个优点在于其移动性，连接到无线局域网的用户可以在移动过程中与网络保持连接。

（2）安装便捷。无线局域网可以免去或最大限度地减少网络布线的工作量，一般只要安装一个或多个接入点设备，就可建立覆盖整个区域的局域网络。

（3）易于进行网络规划和调整。对于有线网络来说，办公地点或网络拓扑的改变通常意味着重新布线。重新布线是一个昂贵、费时和琐碎的过程，无线局域网可以避免或减少以上情况的发生。

（4）故障定位容易。有线网络一旦出现物理故障，尤其是由于线路连接不良而造成的网络中断，往往很难查明，而且检修线路需要付出很大的代价。无线网络则很容易定位故障，只需更换故障设备即可恢复网络连接。

（5）易于扩展。无线局域网有多种配置方式，可以很快从只有几个用户的小型局域网扩展到上千用户的大型网络，并且能够提供节点间"漫游"等有线网络无法实现的特性。由于无线局域网有以上诸多优点，因此其发展十分迅速。最近几年，无线局域网已经在企业、医院、商店、工厂和学校等场合得到了广泛的应用。

无线局域网在给网络用户带来便捷和实用的同时，也存在着一些缺陷。无线局域网的不足之处体现在以下几个方面。

（1）性能。无线局域网是依靠无线电波进行传输的。这些电波通过无线发射装置进行发射，而建筑物、车辆、树木和其他障碍物都可能阻碍电磁波的传输，会影响网络的性能。

（2）速率。无线信道的传输速率与有线信道相比要低得多。无线局域网的最大传输速率为 1 Gbit/s，只适合于个人终端和小规模网络应用。

（3）安全性。本质上无线电波不要求建立物理的连接通道，无线信号是发散的。从理论上讲，很容易被窃听者监听，造成通信信息的泄露。

6.1.4 无线局域网组织机构

本小节将重点介绍 7 个无线局域网的相关机构和团体。

（1）前身为国家无线电管理委员会（State Radio Regulation Committee，SRRC）的国家无线电监测中心（State Radio Monitoring Center，SRMC）为目前中国唯一获得授权可测试及认证无线电型号核准规定的机构。

目前，中国已针对不同类别的无线电发射设备规定特殊的频率范围，且并非所有频率皆能在中国合法使用。

（2）FCC（美国联邦通信委员会），于 1934 年成立。FCC 通过控制无线电广播、电视、电信、卫星和电缆来协调国内和国际的通信。许多无线电应用产品、通信产品和数字产品要进入美国市场，都需要 FCC 认证。FCC 委员会调查和研究产品安全性的各个阶段以找出解决问题的最好方法。同时 FCC 也负责无线电装置、航空器的检测等，目的是减少电磁干扰，管理和控制无线电频率范围，保护电信网络、电器产品的正常工作。

一般来说，FCC 与其他国家的监管机构一样，负责管理两类无线通信：需要牌照的与不需要牌照的。二者的区别在于，用户可以免费使用无须授权使用的频段进行通信，即安装无线系统之前不需要申请牌照。

监管机构通常从以下 5 个方面管理需要牌照的和不需要牌照的通信。

- 频率。

- 带宽。

- 主动辐射器（Intentional Radiator，IR）的最大输出功率。

- 最大等效全向辐射功率（Equivalent Isotropically Radiated Power，EIRP）。

- 用途（室内和/或室外）。

（3）欧洲电信标准化协会（European Telecommunications Standards Institute，ETSI）是由欧共体委员会于 1988 年批准成立的一个非盈利性的电信标准化组织，其总部设在法国南部的尼斯。ETSI 的标准化领域主要是电信业，并涉及与其他组织合作的信息及广播技术领域。ETSI 作为一个被 CEN（欧洲标准化协会）和 CEPT（欧洲邮电主管部门会议）认可的电信标准协会，其制定的推荐性标准常被欧共体/欧盟作为欧洲法规的技术基础而采用并要求执行。

ETSI 的标准制定工作是开放式的。标准的立题是由 ETSI 的成员通过技术委员会提出的，经技术大会批准后列入 ETSI 的工作计划，然后由各技术委员会承担标准的研究工作。技术委员会提出的标准草案，经秘书处汇总发往各成员国的标准化组织征询意见，返回意见后，再修改汇总，以成员国为单位进行投票。赞成票超过 70%以上的可以成为正式 ETSI标准，否则可成为临时标准或其他技术文件。

（4）IEEE（电气与电子工程师协会）：IEEE 被国际标准化组织授权为可以制定标准的组织，设有专门的标准工作委员会，有 30 000 名义务工作者参与标准的研究和制定工作，每年制定和修订 800 多个技术标准。IEEE 的标准制定内容有：电气与电子设备、试验方法、元器件、符号、定义以及测试方法等。

其中，比较出名的是 IEEE 802 委员会，它成立于 1980 年 2 月，任务是制定局域网的国际标准。IEEE 负责制定网络设备兼容与共存的标准，IEEE 标准必须遵循 FCC 等通信监管机构的规定。

（5）Wi-Fi 联盟：由于 Wi-Fi 网络的持续扩张是基于众多的企业、家庭以及公共场所对无线网络快速增长的需求，因此，兼容性至关重要。Wi-Fi 联盟制定全球通用的规范并通过对无线设备的严格测试和 Wi-Fi 认证进行把控。

（6）WAPI：WAPI 产业联盟（中国计算机行业协会无线网络和网络安全接入技术专业委员会）成立于 2006 年，是由积极投身于无线局域网产品的研发、制造、运营的企事业单位、团体组成的民间社团组织及产业合作平台联合成立的。联盟的宗旨是整合及协调产业、社会资源，提升联盟成员在无线局域网相关领域的研究、开发、制造和服务水平，促进无线局域网产业的快速健康发展；以国际领先和共性的无线网络安全技术（WAPI）优势为基础，实现其作为基础共性技术的推广和应用，全面带动宽带无线 IP网络的快速健康发展。

6.1.5 无线局域网的发展历程

WLAN 的技术并非在最近才开始发展，回溯到 20 世纪 70 年代就曾被讨论过，但因受限于当时的技术水平而被搁浅，没有制定标准和实用化。直到 20 世纪 90 年代初期，WLAN 技术重新获得了关注，有了 IEEE 802.11 的标准，速率最高只有 2 Mbit/s。当时大部分人对 WLAN 仍没有兴趣，主因是 IC 零部件成本太高，普及化不易。再者，2 Mbit/s 的速率，与有线局域网络主流逐渐迈入 100 Mbit/s 的 Fast Ethernet 相差太大，昂贵的投资没有太大的价值。直到 1999 年，IEEE 802.11b 的 11 Mbit/s 标准敲定，至少和有线的上一代 Ethernet 10 Mbit/s 相当，方被视为进入市场的转机。同时苹果公司同朗讯达成协议，将 WLAN 列为其笔记本电脑 iBook 的选用配备，并予以部分硬件成本的补贴，使得转接卡价格降为 99 美元，突出显示了 iBook 的特殊价值，之后引发市场的热销，并迫使戴尔等一线笔记本电脑企业调整采用 WLAN 技术的策略，使用提高至 11 Mbit/s 的 WLAN，从此 WLAN 的价格大幅降低，增加了市场的接受度。此外，1999 年以来，市场开始提倡网络进入家庭的概念，WLAN 被视为众多网络技术的一种选择，WLAN 的简单、便利和不需要线缆传输媒介的特性使其发展后势相当被看好。虽然 802.11b 的 11 Mbit/s 在电子邮件和网络浏览上并没有问题，可是在 HDTV 等数字动态影像的应用上，速率就显得不够，必须要达到 50 Mbit/s 以上才够。所以当时 802.11b 虽尚未普及，但业界已开始大力推动将 WLAN 频谱从 2.4 GHz 推进到 5 GHz，即美规的 802.11a 或欧规的 HiperLAN2，逐渐使 WLAN 的技术和市场发展陷入多标准的混乱局面。直到 2001 年 IEEE 802.11 小组通过了新的 WLAN 的标准"IEEE 802.11g"，混乱局面才得以结束。根据该标准，在 2.4 GHz 频带上可以实现最高 54 Mbit/s 的数据传送速率，IEEE 802.11g 的推出对 WLAN 的发展起到很大的推动作用。下面我们简单描述一下 WLAN 目前主流的各种标准以及其特点。

（1）IEEE 802.11

IEEE 802.11 协议于 1997 年正式提出，使用 2.4 GHz ISM 不需要申请的频段，速率可以支持 2 Mbit/s，室内传输距离支持 100 m，其中物理层支持 3 种调制方式：①红外传输；②直接序列扩频（DSSS）；③跳频扩频（Frequency-Hopping Spread Spectrum，FHSS）。

（2）IEEE 802.11b

802.11b 又称为 802.11HR（High Rate），于 1999 年获得通过，在物理层上，与 802.11 使用相同的频段，采用 DSSS 再配合 CCK 的调频方式，室内传输距离可以支持 100 m，传输速率可以达到 11 Mbit/s，802.11b 可以兼容 802.11，目前市面上的产品基本上都是基于 IEEE 802.1b 的产品。为了促进 802.11b 产品间的互通性，3Com、Aironet、诺基亚等公司成立了 WECA 联盟，以保证不同产品间的互通性。

（3）IEEE 802.11a

在 802.11b 推出之后，802.11a 小组也正在研究更高频段、更高速率的 802.11a 的标准，IEEE 802.11a 应用于 5 GHz 的频段，物理层上采用 OFDM 技术。IEEE 802.11a 的传输速率高达 54 Mbit/s，室内传输距离达到 50 m。

（4）IEEE 802.11g

由于 IEEE 802.11b 和 IEEE 802.11a 工作在不同的频段上，物理调制方式也不同，IEEE 802.11a 不能兼容当时的 IEEE 802.11b 的产品。同时关于 5 GHz 的频段在许多国家还没有获得正式批准，而且 11 Mbit/s 的传输速率满足不了视频服务大带宽的需求。针对上述情况，IEEE 802 小组于 2001 年通过了最新的 IEEE 802.11g 标准。IEEE 802.11g 标准方案在确保兼容现有 2.4GHz 频带的 IEEE 802.11b 的同时，实现了 54Mbit/s 的数据传送速率。IEEE 802.11g 中规定的调制方式有两种，包括 IEEE 802.11a 中采用的 OFDM 与 IEEE 802.11b 中采用的 CCK。通过规定两种调制方式，既达到了用 2.4GHz 频带实现 IEEE 802.11a 水平的数据传送速率，也确保了与装机数量超过 1 100 万台的 IEEE 802.11b 产品的兼容。同时，TI 公司提出的可实现 22Mbit/s 的数据传送速率 PBCC-22（CCK-PBCC）调制方式与 CCK-OFDM 也可以作为选项使用。

（5）HiperLAN1/HiperLAN2

HiperLAN 是欧洲标准组织 ETSI 制定的关于 WLAN 的标准，分别用于 2.4GHz 与 5 GHz 不同的频段，分别与 IEEE 802.11b 和 IEEE 802.11a 相对应。它与 802.11 最大的不同在于其 MAC 层采用不同的技术，802.11 采用基于以太网的、无连接的 CSMA 技术，而 HiperLAN 采用面向连接的无线 ATM 技术。HiperLAN2 支持 54Mbit/s 的传输速率，业务上支持语音等实时性要求较强的业务承载。目前，这种技术在欧洲得到了广泛的支持，在亚洲、美洲主要还是 IEEE 802.11 系列的产品。

6.2　无线局域网标准

6.2.1　IEEE 802.11b/a/g 标准比较

在计算机网络结构中，逻辑链路控制（LLC）层及其之上的应用层对不同的物理层的要求可以是相同的，也可以是不同的。因此，WLAN 标准主要是针对物理层和媒质访问控制层（MAC），涉及所使用的无线频率范围、空中接口通信协议等技术规范与技术标准。在 IEEE 的 802 系列标准中，WLAN 对应的是 IEEE 802.11 标准。

1. IEEE 802.11

1990 年 IEEE 802 标准化委员会成立 IEEE 802.11 WLAN 标准工作组。IEEE 802.11 是在 1997 年 6 月由大量计算机专家审定通过的标准，该标准定义物理层和媒质访问控制层（MAC）规范。物理层定义了数据传输的信号特征和调制方法，定义了两个 RF 传输方法和一个红外线传输方法，RF 传输标准是跳频扩频（FHSS）和直接序列扩频（DSSS），工作在 2.4000～2.4835 GHz 频段。

IEEE 802.11 是 IEEE 最初制定的一个无线局域网标准，主要用于解决办公室局域网和校园网中用户与用户终端的无线接入，业务主要限于数据访问，速率最高只能达到 2 Mbit/s。由于它在速率和传输距离上都不能满足人们的需要，所以 IEEE 802.11 标准被 IEEE 802.11b 所取代。

2. IEEE 802.11b

1999 年 9 月 IEEE 802.11b 被正式批准，该标准规定 WLAN 工作频段为 2.4～2.4835 GHz，数据传输速率达到 11Mbit/s，传输距离控制在 50～150 英尺（15.24～45.72 米）。该标准是对 IEEE 802.11 的一个补充，采用补偿编码键控调制方式，以及两种运行模式：点对点模式和基本模式等。在数据传输速率方面可以根据实际情况在 11Mbit/s、5.5Mbit/s、2Mbit/s 及 1Mbit/s 的不同速率间自动切换，扩大了 WLAN 的应用领域。

IEEE 802.11b 已成为当前主流的 WLAN 标准，被多数厂商所采用，所推出的产品广泛应用于办公室、家庭、宾馆、车站、机场等众多场合，但是随后又有许多 WLAN 的新标准出现，IEEE 802.11a 和 IEEE 802.11g 更是倍受业界关注。

3. IEEE 802.11a

1999 年，IEEE 802.11a 标准制定完成，该标准规定 WLAN 的工作频段为 5.15～5.825 GHz，数据传输速率达到 54 Mbit/s/72 Mbit/s（Turbo），传输距离控制在 10～100 m。该标准也是 IEEE 802.11 的一个补充，扩充了标准的物理层，采用正交频分复用（OFDM）技术和 QPSK 调制方式，可提供 25 Mbit/s 的无线 ATM 接口和 10 Mbit/s 的以太网无线帧结构接口，支持多种业务如语音、数据和图像等，一个扇区可以接入多个用户，每个用户可支持多个用户终端。

IEEE 802.11a 标准是 IEEE 802.11b 的后续标准，其设计初衷是取代 IEEE 802.11b 标准。然而，IEEE 802.11b 工作于不需要牌照的 2.4 GHz 频带，该频段属于工业、教育、医疗（ISM）等专用频段，是公开的。IEEE 802.11a 工作于需要牌照的 5.15～5.825 GHz 频带。一些通信公司仍没有表示对 802.11a 标准的支持，而是更加看好最新的混合标准——

IEEE 802.11g。

4. IEEE 802.11g

目前，IEEE 推出最新版本 IEEE 802.11g 认证标准，该标准拥有 IEEE 802.11a 的传输速率，安全性较 IEEE 802.11b 更好，采用两种调制方式，含 802.11a 中采用的 OFDM 与 IEEE 802.11b 中采用的 CCK，与 802.11a 和 802.11b 兼容。

虽然 802.11a 较适用于企业，但 WLAN 运营商为了兼顾现有 802.11b 设备的投资，选用 802.11g 的可能性极大。IEEE 802.11b/a/g/n 标准的工作频率和数据速率比较如表 6-4 所示。

表 6-4　IEEE 802.11b/a/g/n 标准的工作频率和数据速率比较

时间	标准	频率	数据速率
1999	802.11 b	2.4 GHz	11 Mbit/s
	802.11 a	5 GHz	54 Mbit/s
2003	802.11 g	2.4 GHz	54 Mbit/s
2009	802.11 n	2.4 GHz/5 GHz	288 Mbit/s/600 Mbit/s

6.2.2　IEEE 802.11n

IEEE 802.11n 是下一个无线新规范，这一新规范的数据传输速率尚未确定，但其速率至少将在 100 Mbit/s 以上。

随着移动通信业务的迅速发展，高性能 WLAN 的市场需求日趋增长。为了适应这一需求，IEEE 于 2003 年组建了 IEEE 802.11 TGn 工作组来制订 IEEE 802.11n 标准。IEEE 802.11n 的主要机制在于通过 MAC 接口支持高数据传输速率，并提高频谱效率，为无线 HDTV 传输以及企业和零售业用户所处的密集无线网络环境提供超高速数据流；运行 IEEE 802.11n 组网协议将为 WLAN 提供 500 Mbit/s 的速率，这一速率约比目前的 WLAN 快 10 倍，而且能与现有的 Wi-Fi 标准广泛兼容，并支持 PC、消费电子设备和移动平台等装置。

为实现上述功能，IEEE 802.11n 也引入了两项关键技术，即多输入多输出（MIMO）技术和信道带宽技术。

MIMO 技术：这是一种对要发送的数据建立多条"空中路径"、增加单信道数据吞吐率的无线传输技术。使用多个发射和接收天线，每条信道能在相同的频率上传送不同的数据集，并通过提高发送信号的传输速率来提高网络容量。

MIMO 实际上是一种无线芯片技术，嵌入在芯片中 MIMO 通过两根或多根天线发送信号。在接收端，通过多 MIMO 算法将信息重新组合，增强传输性能。因此，MIMO 技术不仅是 IEEE 802.11n 标准制定的基础，也用于蜂窝通信网络。

20/40 MHz 信道带宽：IEEE 802.11n 标准支持 20/40 MHz 信道带宽，从而有可能在全球范围内实现 500 Mbit/s 的高速率，并增大数据传输容量。40 MHz 信道由两个 20 MHz 的相邻信道组成，利用两个信道之间未被利用的象限频段，可使每次传输性能比目前 54 Mbit/s 的 WLAN 数据率提高 1 倍多，约为 125 Mbit/s。

由于 IEEE 802.11n 标准以 MIMO 和信道带宽这两项关键技术为支柱，因而给 WLAN 带来许多新的应用。当前，这些应用集中体现在 3 个方面：一是在 5 GHz 频段内工作，即 在 5 GHz 频段内，40 MHz 频段容量的增大有可能使 IEEE 802.11n 网络提供更多的无线服务；二是与 IEEE 802.11b、802.11a 和 802.11g 共存并向后兼容，支持 IEEE 802.11e QoS 标准；三是单个和多个目的帧的聚合，即把几个数据帧合并在一个数据包里，进行包括 IP 无线语音和多媒体内容的流媒体传输。

6.2.3　IEEE 802.11i

IEEE 802.11i 标准主要是克服 IEEE 802.11 在安全性能方面存在的不足，对 WLAN MAC 层进行修改与整合，定义了严格的加密格式和鉴权机制，以改善 WLAN 的安全性。IEEE 802.11i 新修订的标准主要包括两项内容：Wi-Fi 保护访问（Wi-Fi Protected Access，WPA）技术和强健安全网络（RSN）。Wi-Fi 联盟采用 IEEE 802.11i 标准作为 WPA 的第二个版本，并于 2004 年初开始实行。

IEEE 802.11i 标准在 WLAN 网络建设中相当重要，数据的安全性是 WLAN 设备制造商和 WLAN 网络运营商应该首先考虑的头等工作。

6.3　无线局域网关键技术

6.3.1　无线局域网物理层的关键技术

随着无线局域网应用场景的日渐增多，用户对数据传输速率的要求也越来越高。但是在室内这个较为复杂的电磁环境中，多径效应、频率选择性衰落和其他干扰源的存在使得实现无线信道中的高速数据传输比在有线信道中困难，因此 WLAN 需要采用合适的调制技术。其关键技术大致有 3 种：DSSS 技术、PBCC 技术以及 OFDM 技术。每种技术皆有其特点，目前，扩频调制技术正成为主流，而 OFDM 技术由于其优越的传输性能成为人们关注的新焦点。

1. DSSS 调制技术

直接序列扩频（Direct Sequence Spread Spectrum，DSSS）技术是一种常用的扩频通信物理层技术。通信时，发送端利用高速率的扩频序列与发送信号序列进行模 2 加后生成的复合序列去调制载波，从而扩展信号频谱。接收端在收到发射信号后，首先进行同步，然后利用与发送端相同的扩频序列对信号进行解扩，从而恢复出数据。图 6-3 所示为 DSSS 通信系统的系统框图。

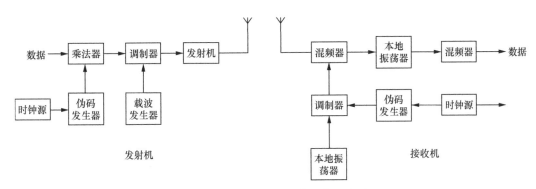

图 6-3　直接序列扩频通信系统示意图

基于 DSSS 的调制技术有三种。第一种，IEEE 802.11 标准在 1 Mbit/s 数据速率下采用 DBPSK。第二种，提供 2 Mbit/s 的数据速率要采用 DQPSK，这种方法每次处理两个比特码元，成为双比特。第三种是基于 CCK 的 QPSK，是 IEEE 802.11b 标准采用的基本数据调制方式。它采用了补码序列和直序列扩频技术，是一种单载波调制技术，通过 PSK 方式传输数据，传输速率分为 1 Mbit/s、2 Mbit/s、5.5 Mbit/s 和 11 Mbit/s。CCK 通过与接收端的 RAKE 接收机配合使用，能够在高效率传输数据的同时有效地克服多径效应。IEEE 802.11b 使用 CCK 调制技术来提高数据传输速率，最高可达 11 Mbit/s。但是当传输速率超过 11 Mbit/s 时，CCK 为了对抗多径干扰，需要更复杂的均衡及调制，实现起来非常困难。因此，IEEE 802.11 工作组为了推动无线局域网的发展，又引入新的调制技术。

2. PBCC 调制技术

PBCC（Packet Binary Convolutional Code，分组二进制卷积码）调制技术是由 TI 公司提出的，已作为 IEEE 802.11g 的可选项被采纳。PBCC 也是单载波调制，但它与 CCK 不同，它使用了更复杂的信号星座图。PBCC 采用 8PSK，而 CCK 使用 BPSK/QPSK；另外，PBCC 使用卷积码，而 CCK 使用区块码。因此，它们的解调过程也不同。PBCC 可以完成更高速率的数据传输，其传输速率为 11 Mbit/s、22 Mbit/s 和 33 Mbit/s。

3. OFDM 技术

正交频分复用（Orthogonal Frequency Division Multiplexing，OFDM）技术（见图 6-4）是一种多载波调制技术。其主要思想是将信道分成若干正交子信道，将高速数据信号转换成并行的低速子数据流，调制到每个子信道上进行传输。正交信号可以通过在接收端采用相关技术来分开，这样可以减少子信道之间的相互干扰。

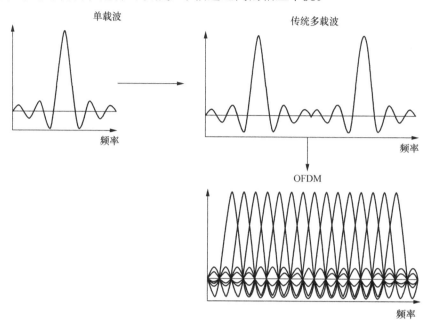

图 6-4 OFDM 频谱原理

在 OFDM 传输过程中，高速信息数据流通过串并变换，分配到速率相对较低的若干子信道中传输，每个子信道中的符号周期相对增加。当每个子信道上的信号带宽小于信道的相关带宽时，每个子信道都可以被看成平坦性衰落，这样可以有效减少因无线信道多径时延扩展所产生的码间干扰。如果引入循环前缀作为保护间隔，在保护间隔大于最大多径时延扩展的情况下，可以完全避免多径带来的符号间干扰。因此 OFDM 系统作为多载波系统的一种，具有极其优良的抗多径衰落能力。

相比传统的频分复用（FDM），多载波调制技术中从频域上完全隔离各个子信道，OFDM 技术采用频域重叠的子信道并通过子信道间正交化来消除子信道间干扰，因此具有比 FDM 系统更高的频谱效率。OFDM 一个重要特点是它可以利用傅立叶反变换/傅立叶变换（IFFT/FFT）代替多载波调制和解调，OFDM 的发射机实际上是通过 IFFT 实现的一组调制器，而接收机是通过 FFT 实现的解调器，如图 6-5 所示。

OFDM 技术具有频谱利用率高、实现复杂度低、抗多径能力强等众多优势，近年来在宽带通信系统中得到了广泛的应用，更是成为 WLAN 系统的主流调制技术。

4. MIMO

当无线信号被反射时会产生多个信号，每个信号都是一个空间流。使用单输入单输出（SISO）的系统一次只能发送或接收一个空间流。MIMO 技术允许多个天线同时发送和接收多个空间流，并能够区分发往或来自不同空间方位的信号。多天线系统的应用，使得多个

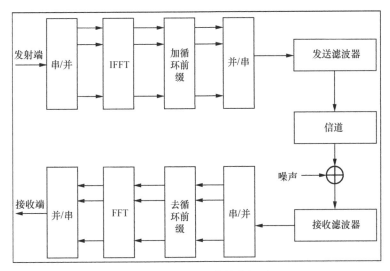

图 6-5　OFDM 系统结构框图

并行数据流可以同时传送，在不增加带宽和天线发送功率的前提下，大大提高了信道的容量、利用率和信息的传送速率。同时，在发送端或接收端采用多天线，可以显著克服信道的衰落、降低误码率，使信息的传送更加可靠。

IEEE 802.11 针对高速信道速率网络节点信息的接收和发送，在 802.11n 及后续的接入技术标准中提出了 MIMO 技术，但目前 802.11n 是实现 MIMO 技术的唯一公开和固化的版本，因此本书以下内容均以 802.11n 为蓝本进行描述。

在 802.11n 中，MIMO 技术包括了 MIMO 技术以及相关的 OFDM 技术两大部分，具体如下。

（1）与 MIMO 相关的 OFDM

与 MIMO 相关的 OFDM 是在 802.11n 中实现的，它包括以下部分。

① OFDM 主信道的结构设计。

802.11n 在设计 OFDM 的主信道时，充分考虑了对 802.11a 和 802.11g 的后向兼容。其中，主信道的划分采用非高吞吐模式（不能使用 MIMO 技术，与 802.11a 和 802.11g 完全兼容）时，其 OFDM 的主信道划分与 802.11a 和 802.11g 完全相同，每个带宽为 20 MHz，主信道被划分成 52 个子信道（子信道载波间隔为 0.3125 MHz），子信道编号范围为：$-26 \sim -1$、$1 \sim 26$。其中 4 个为导频信道，其信道编号为 -21、-7、7、21，其余 48 个子信道为数据信道，如图 6-6 所示。

当 802.11n 采用高吞吐模式（可以使用 MIMO 技术，与 802.11a 和 802.11g 不完全兼容）时，在 20 MHz 带宽模式操作时，其 OFDM 的主信道划分是将每个带宽为 20 MHz 的主信道划分为 56 个子信道（子信道载波间隔为 0.3125 MHz），子信道编号范围为 $-28 \sim -1$、$1 \sim 28$，其中 4 个为导频信道，其信道编号为：-21、-7、7、21。其余 48 个子信道为数据信道，如图 6-7 所示。

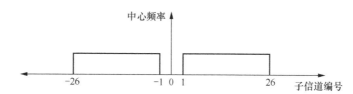

图 6-6　非高吞吐模式下（20 MHz 带宽时）802.11n 的 OFDM 信道结构

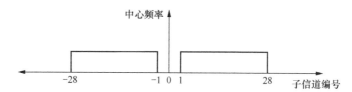

图 6-7　高吞吐模式下（20 MHz 带宽时）802.11n 的 OFDM 信道结构

当 802.11n 采用高吞吐模式，在 40 MHz 带宽模式操作时，其 OFDM 的主信道划分是将相邻的两个 20 MHz 带宽的主信道捆绑起来，统一划分成 114 个子信道（子信道载波间隔为 0.3125 MHz），子信道编号范围为：−58～−2、2～58。其中 6 个为导频信道，其信道编号为−53、−25、−11、11、25、53，其余 108 个子信道为数据信道，如图 6-8 所示。

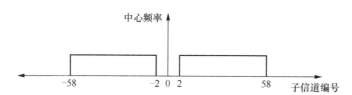

图 6-8　高吞吐模式下（40 MHz 带宽时）802.11n 的 OFDM 信道结构

② OFDM 调制与编码的选择。

802.11n 为了保留对 802.11b、802.11a 和 802.11g 的向下兼容，保留了物理帧的前导码和 PLCP 帧头的 DBPSK 调制和卷积码的编码。而在 MAC 数据帧的编码方面，则广泛使用了 16 QAM 与 64 QAM 调制技术，除了保留 802.11a 的所有卷积码的编码外，新增了 5/6 编码率的卷积码编码。同时，802.11n 还定义了低密度奇偶校验码（Low Density Parity Check Code，LDPC）的用法。

③ OFDM 子信道的映射。

MIMO+OFDM 的主信道数据编码到子信道的映射比较复杂，除了指定比特在子信道的位置外，还需指定比特所使用的空间流。

映射器通常由 MIMO 发送模块中的 STBC（空时分组编码）编码器构成，编码器在实现 STBC 的同时，将从前向纠错编码器获取的传送比特轮流分配给每个空间流。

轮流分配时，通常将第一比特指派给第一个空间流，将第二个比特指派给第二个空间流，依次类推，循环往复。在完成空间流的比特分配后，再从每个空间流中，参照 802.11a 的 OFDM 子信道映射的方式，完成比特到每个子信道的映射。

（2）MIMO 技术

802.11n 中的 MIMO 技术，包括以下部分。

① MIMO 参考模型。

为了在 OFDM 的基础上进一步提高信息的传送速率，802.11n 在 OFDM 的基础上定义了采用多个天线或者天线阵列进行信息的多进多出（MIMO）收发处理技术，通过空间复用、空时编码和波束赋型等具体的技术方案，大大提高了频谱利用率和数据的吞吐量。MIMO 的天线配置通常表示为 "$M \times R$"，其中 M 与 R 均为整数，分别表示发送天线与接收天线的数量。MIMO 的系统模型如图 6-9 所示。

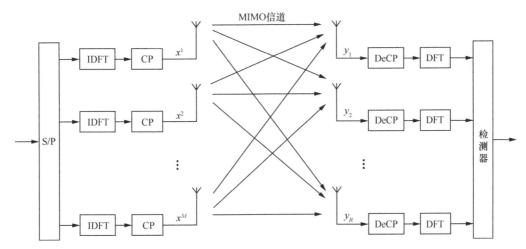

图 6-9　802.11 MIMO 参考模型

在图 6-9 所示的 MIMO 系统中，发射天线的数据被分成多个独立的数据流。数据流数目小于或等于收发端最小的天线数目。例如，4×4 的 MIMO 系统可以用于传送 4 个或者更少的数据流，而 4×2 的 MIMO 系统可以发送两个或者小于两个的数据流。

802.11n 支持在收发双方之间最多有 4 个数据流，多个数据流在同一频谱中同时收发，会使得数据的整体速率和吞吐量大大提高。

② MIMO 的 PMD 处理。

MIMO 发送模块的组成如图 6-10 所示。MIMO 发送模块由以下子模块组成。

- **FEC 编码器**：对数据流进行前向纠错编码，包括一个典型的二进制卷积编码器和一个压缩器，压缩器按一定比率删除纠错码，根据删除比率的不同，FEC 的编码速率有多种选择。
- **流分配器**：收集 FEC 编码器的输出，将其分解成与空间流个数相同的数据流，每个数据流对应一个位交织器。进入交织器的数据流即被称为"空间流"。

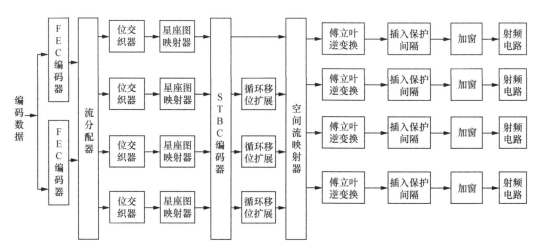

图 6-10　802.11n 的 MIMO 发送模块结构图

- **位交织器**：将数据流中的位打乱，避免由于噪声引发的错误比特过于集中。
- **星座图映射器**：将经过交织的空间流按照指定的调制方式映射为星座图上的点。点采用复数表示，即将一个空间流转换为 I、Q 两路基带信号。
- **STBC 编码器**：星座图映射器产生的星座点由 STBC 编码器编码，将空间流转化为空时流。STBC 编码是一种增强传输稳定性的编码方式。

802.11n 规定，当星座图映射器产生的空间流个数少于实际在空间传送的物理流的个数（个数由收发双方的天线数确定）时，可采用 STBC 编码，将空间流转换成更多的空时流，达到最终空时流的个数与实际在空间传送的物理流的个数相等的目的。

当空间流个数与实际在空间传送的物理流的个数相等时，可以去掉 STBC 的编码过程。

而当空间流个数大于实际在空间传送的物理流的个数时，需要对空间流的产生过程进行调整（如减少编码器数量），以确保产生的空间流个数不大于在空间传送的物理流的个数。

STBC 编码的方式如下。

采用符号 $d_{k, i, 2m}$ 来表示星座图映射器输出的符号（复数），其中下标表示空间流 i、OFDM 第 k 个副载波的第 $2m$ 个 OFDM 符号。

采用符号 $d_{k, i, 2m+1}$ 表示空间流 i、OFDM 第 k 个副载波的第 $2m+1$ 个 OFDM 符号。

- **空间流映射器**：将空时流映射到发送链路。
- **循环移位扩展**：防止信号频谱中出现意料之外的频率。
- **离散傅立叶逆变换**：将经过映射的星座点变换为时域波形。

- **防护间隔插入**：符号间插入防护间隔。
- **加窗**：通过特定的滤波器，符号的边沿变得平滑，将信号的频谱集中于规定的范围内。

由于 MIMO 的接收过程正好是 MIMO 发送过程的逆过程，因此 MIMO 接收模块的组成与功能处理与上述 MIMO 发送模块的组成——对应，功能刚好相反。

6.3.2　无线局域网数据链路层的关键技术

1. MAC 架构

在 WLAN 中，媒介接入控制（MAC）协议主要是带冲突避免的载波监听多路访问（CSMA/CA）技术，并在其基础上根据网络拓扑和 QoS 需求衍生出如图 6-11 所示的 MAC 架构。

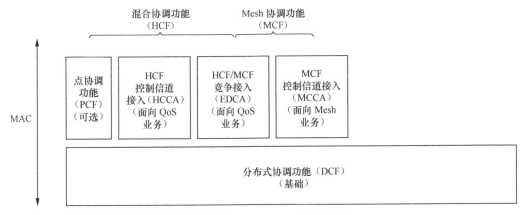

图 6-11　WLAN 媒介接入控制架构

其中，分布式协调功能（Distributed Coordination Function，DCF）是标准 WLAN MAC 接入的基础功能，其主要基于 CSMA/CA 技术，是一种分布式的竞争信道接入机制。为了适应多种接入应用的需求，802.11 标准以 DCF 为基础在 DCF 机制框架上又实现了点协调功能（Point Coordination Function，PCF）、混合协调功能（Hybrid Coordination Function，HCF）和 Mesh 协调功能（Mesh Coordination Function）。其中 PCF 是一种非竞争性的接入控制功能，是可选功能；HCF 则是面向有 QoS 需求的 STA 设计的，包括基于竞争的增强型分布式信道接入（Enhanced Distributed Channel Access，EDCA）方式和非竞争的 HCF 控制信道接入（HCF Controlled Channel Access，HCCA）方式；MCF 主要是面向 Mesh 网络下的信道接入设计，也包含竞争性的 EDCA 方式和非竞争性的 Mesh 控制信道接入（MCF Controlled Channel Access，MCCA）方式。

2. DCF

DCF（分布式协调功能）给 802.11 的各个网络站点提供了通过竞争机制互相访问的途径，它是 802.11 网络节点访问无线传输信道的最重要的手段。

（1）原理概述

大部分的 802.11 网络传输操作在 MAC 层均采用分布式协调功能（DCF）机制，它提供了类似以太网的基于竞争的服务。DCF 也允许多个独立的网络节点彼此交互而无须通过中心控制节点，因此它可以用于 Ad-Hoc 网络或基础结构型网络。

DCF 是一种基于 CSMA/CA 的随机接入协议，采用二进制指数退避机制来避免可能的传输冲突。DCF 定义了两种信道访问方式，默认的方式是基于两次握手机制的基本接入机制，在这种情况下，源站点发送完数据分组后如果收到目的站点的确认（ACK）分组，则表明分组发送成功，否则源站点需要重新发送数据分组。

除了基本接入机制外，DCF 定义了一种可选的基于 4 次握手机制的请求发送/清除发送（Request-To-Send/Clear-To-Send，RTS/CTS）机制。源站点在发送数据分组之前，需要先发送一个特殊的 RTS 短控制分组，目的节点收到 RTS 分组后回应一个 CTS 分组以表明该站点已准备好接收，接下来才开始数据分组以及 ACK 分组的传输。

具体说明如下。

① 基本接入机制。

使用基本接入机制的网络节点，在发送一个新的数据分组之前必须监测信道的状态，如果信道空闲并且持续时间等于一个分布式帧间间隔时间（DCF Inter-Frame Space，DIFS），则站点直接发送数据分组。如果信道忙，则站点持续监听信道直到信道空闲时间等于一个 DIFS。为了减小冲突发生的概率，在这个时刻，网络节点要等待一个随机产生的退避间隔时间后才能正式开始发送数据分组。为了防止无线信道被某个站点独占，对于连续的分组发送，即使信道空闲等于一个 DIFS，每次分组发送前也必须等待一个随机产生的退避间隔时间。但是，如果上层到达的长数据按照需要分成多个相互关联的 MAC 层数据帧，则只有第一个数据帧需要竞争信道，后续的数据帧之间只需要间隔一个最小帧间隔时间（SIFS），就可以直接发送了。

出于效率的原因，DCF 的退避过程采用离散时间刻度，即信道空闲持续一个 DIFS 之后的时间被划分成一个个的系统时隙 σ，站点只能在每个时隙的起始点开始数据传输。时隙 σ 的大小设置必须保证一个网络节点的 MAC 层有足够的时间探测其他网络节点的发送状态，具体而言，时隙 σ 要包括物理层传播时延、无线收发机从接收状态到发送状态的转换时间以及 MAC 层感知到信道忙所需的时间（信道忙探测时间），因此时隙的大小依赖于物理层所采用的具体标准。

DCF 采用 BEB 机制，每次发送前站点等待的时间由一个退避计数器来控制，计数器的值随机选取，在区间[0，$CW-1$]内服从均匀分布。CW 称为竞争窗口，其大小由该分组此前传输失败的次数决定。在第一次传输前，CW 的最小值等于 W_0，称为最小竞争窗口或初始竞争窗口。此后每次传输失败，竞争窗口 CW 的大小就加倍。设 j 为实际退避阶数，m 为系统的最大退避阶数，则 $CW=2^{\min(j, m)}W_0$，其中 W_0 和 m 值也由物理层的技术标准决定。

在 BEB 过程中，如果信道一直处于空闲状态，则每经过一个系统时隙 σ，退避计数器的值就递减一次。一旦探测到信道忙则退避计数器立即停止计数，若信道再次空闲并且空闲持续时间等于一个 DIFS，则计数器再次被激活计数。当计数器的值递减到 0 时，网络节点开始发送数据。因此，退避计数器一次递减所花费的时间可能包含无线信道上一次完整的成功发送过程。

按照 CSMA/CA 机制的工作原理，源站点发送完数据分组后需要目的站点回复一个 ACK 分组来表示数据分组已成功接收。目的站点接收完成数据分组后要等待一个 SIFS 时间才能发送 ACK 分组。源站点发送完数据分组后会设置一个 ACK_Timeout 值，如果在这个时间范围内没有收到 ACK 分组，则认为发送失败，于是竞争窗口加倍，等待信道的空闲时间满足 DIFS 的大小后，就进入下一阶段的退避过程。如果发送的数据帧产生错误被其他网络节点探测到，则其他网络节点会设置一个扩展帧间间隔（Extended Inter-Frame Space，EIFS）时间。

设置了 EIFS 时间的网络节点，在随后使用上述 CSMA/CA 机制进行分组发送时，其需要监测的信道空闲状态的持续时间，必须以 EIFS 时间为基准，当信道空闲状态的持续时间不小于 EIFS 时间时，则直接接入信道；否则进入退避过程。同样，接收到错误的 ACK 数据帧的网络节点也进行相同的技术处理。

② RTS/CTS 接入机制。

RTS/CTS 接入机制与基本接入机制的区别在于源站点在发送数据分组之前要先发送一个短控制分组 RTS，以预订无线信道的访问权，目的站点收到 RTS 分组后等待一个 SIFS 后返回一个 CTS 分组，源站点收到正确的 CTS 分组后等待一个 SIFS 才能开始数据分组的发送。源站点在发送完 RTS 分组时要设置一个 CTS_Timeout 值，如果规定时间内没有收到 CTS 分组则认为 RTS 分组发生了冲突，于是进入下一阶段的退避过程。同样，旁观站点探测到一次失败的 RTS 传输就会设置一个 EIFS 时间。

另外，在 RTS 和 CTS 分组中包含即将发送的数据分组的长度，旁观站点监听到 RTS 或者 CTS 分组就会更新自身的网络分配矢量（NAV）值，NAV 的值用于虚拟信道监听［虚拟监听是指每个网络节点自身均有一个传输媒介预占定时器：NAV，每个网络站点在发起业务之前都根据本次业务的大小设定 NAV 的大小值，它以微秒（μs）为单位，表示预计要占用传输媒体多少时间，然后通过广播方式向全网络的其他节点广播。每个网络节点根据广播信息和自身的业务情况来维护自身的 NAV 值，只要 NAV 的数值不为零，就代表传输媒介处于忙的状态]，指示信道会持续忙的时间，从而推迟自身的发送以避免冲突。因此，RTS/CTS 机制下采用的是物理层载波监听和 MAC 层虚拟监听相结合的方式，虚拟监听过程是通过更新 NAV 值来实现的。

在 CTS、数据帧和确认帧中的两个相邻帧之间的时间间隔均为 SIFS 时，由于 SIFS 比DIFS 小，因而 CTS 和 ACK 帧总是有更高的优先权来接入无线信道，保证了一次数据传送过程的完整性。

（2）DCF 的状态机

具备 DCF 功能的、独立的网络节点，其 MAC 层的 DCF 部分发挥作用时，有多种不同的工作状态，归纳为空闲状态、退避状态和数据发送状态。这 3 种状态之间的作用和相互关系如图 6-12 所示。

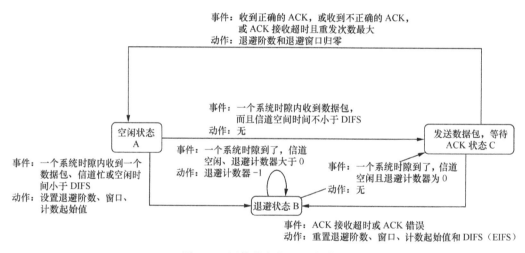

图 6-12　网络节点的 DCF 状态图

对应图 6-12 中 DCF 的 3 种不同的工作状态，网络节点 MAC 层有相应的控制和信息处理部分，称为 DCF 的状态机。

对应 DCF 的 3 种不同的工作状态，DCF 状态机同样由 3 部分组成。

① 空闲状态 A 的处理部分

空闲状态 A 为 DCF 状态机的起始状态，DCF 状态机在此状态下接收来自 MAC 层以上的发送数据分组，而当 DCF 状态机完成一个完整的数据分组的发送处理之后，也回到此状态，继续从上层接收下一个需要发送的数据分组（发送数据分组的缓冲管理不能放在 DCF状态机中）。

在图 6-12 中，DCF 状态机在状态 A 的处理中，首先按照固定的系统时隙间隔（通常为一个系统时隙间隔），不断循环查询是否有上层发来的需要发出的数据分组。

一旦收到上层发来的需要发出的数据分组，则 DCF 就立即查询信道的忙闲情况。如果信道空闲，则 DCF 状态机立即从空闲状态 A 切换到发送数据分组的状态 C；如果信道忙，则 DCF 状态机根据系统设置，设置最小的退避阶数、最小的退避窗口以及在退避窗口中随机的退避起始的系统时隙（对应相应的随机退避计数），然后从空闲状态 A 的处理部分切换到退避状态 B 的处理部分。状态 A 的处理部分的工作流程如图 6-13 所示。

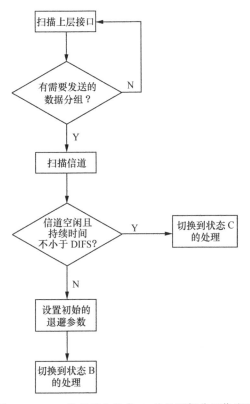

图 6-13　DCF 状态机中状态 A 的处理部分工作流程

② 退避状态 B 的处理部分

DCF 状态机在退避状态 B 的处理部分，主要完成退避工作，以便让其他的网络节点有机会接入信道进行数据分组的发送。它负责将需要发送的数据分组，按照状态 A 的处理部分给出的最小退避阶数、最小退避窗口以及随机选取的退避起始计数（对应退避窗口中的退避时隙的起始编号）或者状态 C 的处理部分给出的增大的退避阶数、扩大的退避窗口以及随机选取的退避起始计数（对应退避窗口中的退避时隙的起始编号），进行相应的退避工作，以便让其他的网络节点有机会接入信道，进行数据分组的发送。状态 B 的工作流程如图 6-14 所示。

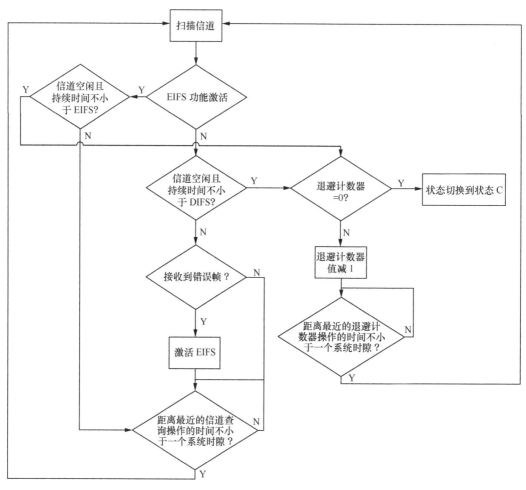

图 6-14　DCF 状态机中状态 B 的处理部分工作流程

③ 数据发送流程状态 C 的处理部分（基本接入机制）

数据发送流程状态 C 的处理部分的工作流程以常用的基本接入机制进行说明。在基本接入机制下，DCF 状态机在数据发送状态 C 负责接入信道、发送数据分组。数据发送结束后，接收相应的 ACK 信息，并且设置 ACK 接收定时器。如果接收到正确的 ACK 信息，则所有的退避参数设置清零，关闭 EIFS 的激活功能，状态切换到空闲状态 A。

如果接收到错误的 ACK 信息或 ACK 定时器超时（没有接收到 ACK），则首先查看退避阶数是否最大，如果不是最大的退避阶数，则将设置的退避阶数加 1，退避窗口扩大一倍，并设置随机的退避计数起始值（对应退避窗口中的起始时隙编号），然后激活 EIFS（仅在接收到错误的 ACK 信息，且 EIFS 没有激活的情况下），状态切换到状态 B。

如果退避阶数已经最大，则检查重传次数是否已经超过限制，如果没有超过限制，则保持退避阶数和退避窗口的设置不变，设置新的随机退避计数起始值，然后激活 EIFS（仅在接收到错误的 ACK 信息，且 EIFS 没有激活的情况下），状态切换到状态 B。

如果重传次数已经超过限制，则丢弃发送的数据分组，所有的退避参数设置清零，关闭 EIFS 的激活功能，状态切换到空闲状态 A。状态 C 的工作流程如图 6-15 所示。

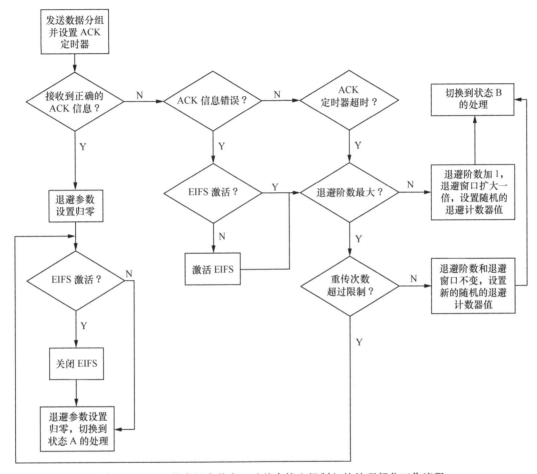

图 6-15　DCF 状态机中状态 C（基本接入机制）的处理部分工作流程

DCF 状态机依托 DCF 的 3 种不同的工作状态及其间的关系，通过信道忙/闲状态的驱动，3 种状态的处理部分之间来回灵活切换。其中状态 A 处理部分作为整个状态机处理的开始和终结；状态 B 处理部分作为状态机的处理核心，完成 DCF 的退避处理；状态 C 处理部分作为 DCF 状态机与下层数据分组发送的接口，如果发送数据分组失败且重传次数没有达到最大的次数，则继续触发状态 B 的处理部分，在下一个退避窗口继续进行退避处理。

（3）DCF 的基本原则

① 错误恢复规则。

发送端预期每个帧均应收到确认，如果没有收到确认则负责重发，直到成功为止，详细说明如下。

- 只有收到肯定确认才表示发送成功；如果某个预期的确认迟迟未到，发送端就会认定其已丢失，重新发送。

- 所有单播数据都会被确认，广播数据则不予确认。

- 只要发送失败，重发计数器就会累加，然后重新发送。发送失败有可能是因为访问信道失败，也可能是因为得不到确认。

② 多帧序列可以在传送过程的每个步骤中更新 NAV。当发现传输信道的预定时间比当前的 NAV 还长时，网络节点会更新 NAV。设定 NAV 的方式是以单个独立的帧为基准。

③ RTS/CTS 交换过程中的 CTS 以及片段序列中的帧片段可在 SIFS 之后传输，满足以下规则。

- 一旦发出第一个帧，网络节点就会取得信道的控制权。后续帧及其确认均可使用 SIFS 进行传送，以锁定信道不被其他网络节点占用。

- 传送过程中，后续帧会将 NAV 更新成该信道预计使用的时间。

④ 如果较高层的包大小超过所设定的阈值，则使用扩展帧序列。

- 包的大小超过 RTS 的阈值，使用 RTS/CTS 的确认过程。

- 帧的长度超过分段阈值，则由 MAC 层加以分段。

（4）DCF 中的错误处理

在 DCF 应用过程中，信息发送错误的检测与纠正由发送端负责。一旦检测到错误，发送端负责重新发送。只要帧被重新发送，重发计数器就会累加。

每个帧或帧片段会分别对应一个重发计数器。有两个重发计数器：短帧重发计数器与长帧重发计数器。长度小于 RTS 阈值的帧被视为短帧，长度超过该阈值的帧则为长帧。

不同的帧，根据其长度，可分别对应到长帧或短帧重发计数器。帧重发计数由零起算，只要帧传送失败即累加。

短帧重发计数器会在下列情况发生时清零。

① 之前传送的 RTS 得到 CTS 响应。

② 之前传送的未分段帧得到 MAC 层的响应。

③ 收到广播或组播的帧。

④ 重发次数达到上限。

长帧重发计数器会在下列情况发生时清零。

① 之前传送的帧大于 RTS 中参数的阈值并且得到 MAC 层的响应。

② 收到广播或组播的帧。

③ 重发次数达到上限。

和其他大部分的网络协议一样，802.11 是通过重传机制来提供可靠性的。当发送端传送帧时，得到接收端的确认，否则传送便被视为失败。若传送失败，则该帧（或帧片段）相应的重发计数器便会累加。如果达到重传上限，该帧随即被丢弃并将此状况告知上层协议，同时重发计数器清零。除了相应的重发计数器，MAC 会赋予每个帧片段一个生存周期。传送出第一个帧片段之后，生存周期计时器随即启动。一旦超过生存周期，该帧便会被丢弃，不再会重传。

3. PCF

在 WLAN 中，除了基于竞争的 DCF 方法可以进行信道接入外，还有一种非竞争性的方法进行信道接入。此方法称为点协调功能（PCF）。PCF 应用的场景是在一个具有点协调者（Point Coordinator，PC）的 BSS 中，所有工作站都能接收在 PCF 控制下 PC 所传送的所有帧。工作站根据有无能力回复由 PC 所传送的免竞争周期轮询（Contention Free Poll，CF-Poll），分为可轮询工作站和非轮询工作站。非轮询工作站在免竞争周期中不能传送帧，只能在收到帧时回送一个回复帧，可轮询工作站则可以要求加入协调者 PC 的轮询名单中，每次被轮询到时可以进行帧的传送，所传送的帧的目的地可以是任何工作站（协调者、可轮询工作站或非轮询工作站）。此帧也可顺便携带 ACK 信息，用以回复前一个由协调者传送来的帧。如果此帧本身没有收到 ACK 信息，则此工作站不可以立刻进行重传的程序，必须等到下一次被询问时或等到进入竞争周期时才能重传此帧。如果可轮询工作站所传送的帧的目的地工作站是一个非轮询工作站，则此非轮询工作站必须依照 DCF 的方式在一个 SIFS 内回送一个 ACK 帧。在 PCF 周期中，协调者与被轮询者在传送帧时都不使用 RTS/CTS 控制帧。协调者在免竞争周期内重传帧时并不像 DCF 那样采用退避的方法，它需等到该目的地工作站再次成为轮询名单中的首位时才重传此帧，也可以在免竞争周期内等到一个 PIFS 的空档时重传此帧。

（1）免竞争周期

在免竞争周期（Contention Free Period，CFP）内，帧传送由 PCF 控制，而在竞争周期（Contention Period，CP）内，帧的传送则由 DCF 控制。免竞争周期与竞争周期应轮流出现，如图 6-16 所示。免竞争周期起始于一个由协调者所传送的 Beacon 帧，终止于由协调者所传送的 CF-End 帧或 CF-End+ACK 帧。

点协调者可以根据其必须处理的业务量及轮询工作站的数量而提早或及时终止免竞争周期。由于原定传送 Beacon 帧的时间可能恰巧有其他帧正在传送（媒介忙碌中），因此传送 Beacon 帧的时间可能会被延后（必须等该帧传送结束且完成回复工作后）。这使得此免竞争周期必须被迫缩短，缩短的时间就是 Beacon 帧被延后传送的时间。如果 Beacon 帧真地发生被延后传送的情形，则在免竞争周期开始的第一个 Beacon 帧上重新计算持续时间，保证此免竞争周期可以在最大持续时间到达之前结束。

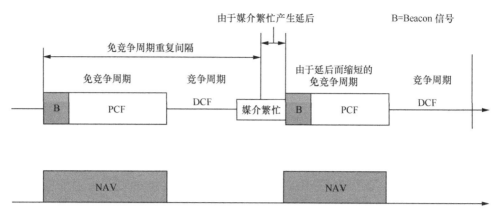

图 6-16　免竞争和竞争周期交替过程

（2）PCF 接入过程

在免竞争周期中，工作站传送帧的方式是依照轮询的方法，由 BSS 中接入点内部的协调者来控制。协调者在免竞争周期的开始就取得传输媒介的使用控制权，并且在免竞争周期中以等待较短的时间间隔（PIFS<DIFS）的方式来维持传输媒介的控制权。所有在 BSS 中的工作站（协调者除外）在免竞争周期开始时都将其 NAV 值设为免竞争最大周期，这样可以避免因工作站未被轮询到却传送帧所造成的问题。

在免竞争周期中，帧的回复方式依该帧的目的地工作站的性质分为以下 3 种。一是，接收该帧的工作站是协调者，此时协调者可在传送下一帧及轮询给别的工作站时顺带回复此帧：Data+CF-Poll+CF-ACK，或在传送轮询给别的工作站时顺带回复此帧：CF-Poll+CF-ACK。二是，接收该帧的工作站刚好也是被协调者轮询的工作站，该工作站若有帧要传送则可在传送帧时顺带回复此帧：Data+CF-ACK。若无帧要传送则专程回复此帧：CF-ACK。三是，接收该帧的工作站不是刚好被轮询的工作站（包括未轮询工作站及非轮询工作站），此时该工作站应该以 DCF-ACK 的方式回复此帧，等待一个 SIFS 间隔后传送一个回复帧。

在免竞争周期开始前，协调者应该先侦测传输媒介，并且在媒介空档时间达一个 PIFS 时传送一个 Beacon 帧激活此免竞争周期。之后协调者必须等待至少一个 SIFS 间隔后传送下列 4 种帧的一种：Data 帧、CF-Poll 帧、Data+CF-Poll 帧、CF-End 帧。如果免竞争周期是空的（协调者没有信息要送给工作站，也没有轮询名单），则在 Beacon 帧后应立即跟上一个 CF-End 帧。

在免竞争周期中处理 NAV 的方法主要是考虑到网络上可能存在重叠但彼此协调的 BSS。前面已说过，所有在 BSS 中的工作站（协调者除外）在免竞争周期开始时都将其 NAV 值设为免竞争最大周期，之后每次收到一个 Beacon 帧，就根据其上的 CFP 剩余持续时间值来修正 NAV 值，这包括由其他重叠 BSS 的协调者所送来的 Beacon 帧。在 NAV 值不等于零之前工作站是不会主动传送帧的，这样可以避免工作站在免竞争周期间取得媒介的控制权。尤其是当免竞争周期横跨许多个媒介占用周期时，这个方法更重要。此方法同时也有降低隐藏工作站在免竞争周期中因侦测媒介空档达 DIFS 时间而传送帧的可能性，这种传输可能破坏正在传送中的帧，协调者在免竞争周期终止时会传送一个 CF-End 帧或CF-End+ACK 帧。工作站如果收到此类帧，无论是哪个 BSS 收到，都应该将其 NAV 值设为零，并且开始进入竞争周期。

当工作站加入一个含有协调者且正运行中的 BSS 时，必须先设定其 NAV 值，不能立刻传送帧。方法是利用接收到的任何 Beacon 帧或探测响应帧中的 CFP 剩余持续时间值。

（3）PCF 传输过程

PCF 传送帧的次序通常是先由协调者送给工作站，然后由工作站送给协调者，如此重复交替进行。至于工作站传送帧的先后顺序则由协调者来控制，如图 6-17 所示。

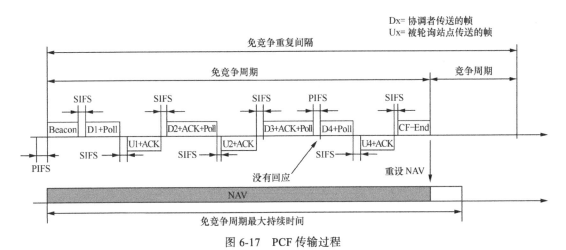

图 6-17　PCF 传输过程

如果物理层采用 FHSS 方式，则每次取得频道使用权时，会有一个有效期。因此工作站如果要传送帧，则必须在该有效期之前完成传送，并且收到对应的 ACK 帧。被轮询的工作站如果预期不能在有效期之前完成，则应该延后至下一次机会传送，并且传送一个 ACK帧或 CF-ACK 帧。如果有效期时间快要结束，以至于工作站连传送一个 ACK 帧或 CF-ACK帧都无法及时完成，则协调者就不应该轮询该工作站。也就是说，协调者轮询某工作站时，一定保证该工作站至少有足够的时间传送一个 ACK 帧或 CF-ACK 帧。

PCF 传送帧的运作模式可以分为以下两种：当协调者是传送工作站或接收工作站时；当协调者不是传送工作站也不是接收工作站时。下面说明这两种模式的运作情形。

首先是当协调者是传送工作站或接收工作站时，协调者传送给可轮询工作站的帧可以是下列 7 种的任何一种。

- Data 帧：使用时机是当协调者欲传送 Data 帧给某一工作站，而该接收工作站不是被轮询的工作站，而且协调者无尚未回复的帧。

- Data+CF-ACK 帧：使用时机是当协调者欲传送 Data 帧给某一工作站，而该接收工作站不是被轮询的工作站，而且协调者有一个 SIFS 时间以前从可轮询工作站收到但尚未回复的帧。

- Data+CF-Poll 帧：使用时机是当协调者欲传送 Data 帧给某一工作站，而该接收工作站正好是下一个被轮询的工作站，而且协调者无尚未回复的帧。

- Data+CF-ACK+CF-Poll 帧：使用时机是当协调者欲传送 Data 帧给某一工作站，而该接收工作站正好是下一个被轮询的工作站，而且协调者有一个 SIFS 时间以前从可轮询工作站收到但尚未回复的帧。

- CF-Poll 帧：使用时机是当协调者并无 Data 给某一工作站，但该工作站正好是下一个被轮询的工作站，而且协调者无尚未回复的帧。

- CF-ACK+CF-Poll 帧：使用时机是当协调者并无 Data 帧给某一工作站，但该工作站正好是下一个被轮询的工作站，而且协调者有一个 SIFS 时间以前从可轮询工作站收到但尚未回复的帧。

- CF-ACK 帧：使用时机是当协调者并无 Data 给某一工作站，也不轮询工作站。不过协调者有一个 SIFS 时间以前从可轮询工作站收到但尚未回复的帧（协调者下一个欲传送的帧是属于管理类的帧，如 Beacon 帧，则是使用此 CF-ACK 帧的适当时机）。

可轮询工作站只要收到任何由协调者发送来而且设定 CF-Poll 的帧，就可以在一个 SIFS 间隔后传送一个 Data 帧。如果工作站刚好没有帧要传送，则传送一个 Null 帧。如果携带 CF-Poll 的帧需要回复，则可传送一个 Data+CF-ACK 帧（或 Null+CF-ACK 帧）。

在免竞争周期中，协调者传送帧的时间间隔是 SIFS，除非原定 SIFS 间隔后应该出现的帧没有出现。此时协调者在继续等待一个 PIFS 间隔后，立刻送出下一个帧。这样协调者就不会因为某些回复或响应帧的流失而丧失主控权。如果协调者等待时间过久（大于 DIFS），则某些刚加入的非轮询工作站可能在侦测媒介空档期达 DIFS 时开始传送帧，造成混乱。

当协调者无帧可传送且轮询名单为空白时或者 CFP 剩余持续时间等于零时，可以送出一个 CF-End 帧终止此免竞争周期。如果之前尚有帧须回复，则可传送 CF-End+ACK 帧。所有收到 CF-End 帧或 CF-End+ACK 帧的工作站都应该将其 NAV 值设为零，并且开始进入竞争周期。

当协调者不是传送工作站也不是接收工作站时，可轮询工作站被轮询时可传送一个 Data 帧或管理帧给同一个 BSS 中的任何一个工作站。此时 Data 帧的接收与回复方式必须采用 DCF 规则，即目的地工作站必须在收到帧后一个 SIFS 间隔回送一个 ACK 帧。协调者取回控制权的时机是在 ACK 帧后的一个 PIFS 间隔。由于发送的 Data 帧与 ACK 帧间的间隔等于一个 SIFS，因此协调者会在后一个 ACK 帧后的一个 PIFS 间隔取回控制权。另外，即使此 Data 帧的长度大于 RTS/CTS 门限，在传送前也无须使用 RTS/CTS 控制帧。这是因为在免竞争周期中，所有工作站的 NAV 已事先设定，因此无须担心帧碰撞的问题。

（4）PCF 轮询名单

在免竞争周期中，协调者是依靠轮询名单进行轮询的，因此轮询名单的建立与维护是相当重要的。由于工作站在开始通信前，必须先利用 Association 控制帧与协调者建立连接关系，在此帧中工作站就可以表明是否加入轮询名单中，加入轮询名单可以有被轮询传送帧的机会，但是不加入轮询名单也有好处，例如有些常处于省电模式的工作站在没有帧要传送时，不希望常被轮询而受到干扰，因为每次被轮询到就必须由省电状态转为应答态，而协调者如果有帧要传送给省电模式的工作站，则只要在免竞争周期的开始阶段将之唤醒即可。给省电模式工作站的帧通常在免竞争周期的前段先传送，工作站加入轮询名单后则可以利用重关联控制帧要求退出轮询名单，不在轮询名单内的工作站只能在竞争周期中以 DCF 规则传送帧。

协调者根据轮询名单轮询时也有不同的做法。例如轮询名单较长时可能必须经过几个免竞争周期才能轮询一遍，在一个免竞争周期中如果已完成轮询一遍而尚有剩余时间，则可以根据业务量分布的情形或不同的 QoS 要求挑几个比较重要的工作站给与较多的传送机会。当然协调者也可以提早结束免竞争周期，可以自行设计调度算法。

4. HCF

随着无线业务的发展，越来越多的无线业务开始具有实时性要求。HCF 综合 DCF 和 PCF 的特点，可以对 QoS 机制进行增强，支持多媒体业务的 QoS 要求。在 HCF 中，定义了 EDCA 和 HCCA 两种接入模式。EDCA 主要基于竞争模式来访问信道，以 DCF 为基础，工作在竞争周期。HCCA 主要基于非竞争的轮询模式来访问信道，以 PCF 为基础，可以工作在竞争周期 CP 和免竞争周期 CFP 期间。HCF 通过发送机会（Transmission Opportunity，TXOP）分配 STA 以发送数据的权力，一个 TXOP 定义了开头时间和 STA 发送一串数据帧需要的最大持续时间。在 EDCA 下，TXOP 通过 STA 之间的竞争获得。在 HCCA 下，TXOP 通过混合协调者（Hybrid Coordinator，HC），通常是 AP，发送 QoS CF-Poll 轮询帧获得。

（1）EDCA

EDCA 竞争访问是 DCF 的扩展，它能够在竞争的同时区分 STA 对无线媒体介质服务的优先级。与 DCF 不同，EDCA 信道访问机制主要基于不同的访问类型（Access Category，AC），而每个 AC 拥有不同的发送优先级。图 6-18 所示是 EDCA 中进行数据访问竞争的流程。

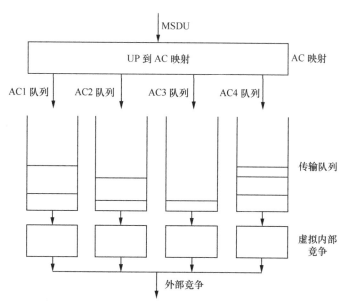

图 6-18　EDCA 数据访问竞争流程

首先根据 MAC 层协议数据单元 MSDU 的不同的用户优先级（User Priority，UP）赋予不同的 AC 类型，进入相应的 AC 队列进行排队等候，然后根据各队列 AC 的类型分配不同的 AIFS 帧间隔，进行站点内部虚拟竞争。虚拟内部竞争的过程和 DCF 很像，只不过是在站点内部进行虚拟的竞争，而不用直接进入传输媒介中进行竞争，因此会大大降低实际冲突的概率。在内部虚拟竞争结束后，竞争到传输机会的 AC 再与别的站点共同竞争传输媒介，获得 TXOP。

进行虚拟竞争时，每一个访问类型 AC 一旦知道媒体介质持续 AIFS 长度空闲，便会启动类似于 DCF 的竞争模式。如果在一个虚拟竞争的 STA 内部，不同访问类型之间出现冲突，来自最高优先级的 AC 的数据会赢得内部竞争，而来自其余的 AC 的数据将会像处理外部冲突一样采取相应退避过程，因此每个 AC 队列都有自己的回退计数器。当 AC 赢得内部虚拟竞争后，就可以与其他站点的 AC 进行传输媒介的竞争，这时对于竞争冲突的处理与 DCF 一致，出现冲突后，对所有冲突的站点进行退避处理。当 AC 赢得竞争获得传输媒介后，就会得到一个长度符合 TXOP 限制的 TXOP。图 6-19 所示是一个 AC 获得 TXOP 的传输过程示意。

（2）HCCA

与 PCF 类似，HCCA 也是一种基于轮询机制的接入模式，使用混合协调器（HC）来集中管理 STA 对无线媒介访问的信道访问方式，是 PCF 机制的延续与扩展。与 PCF 不同的是，它提供了有效的 QoS 保障。

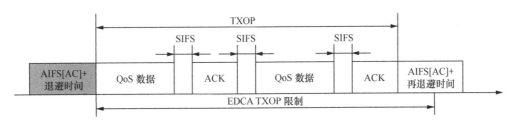

图 6-19　AC 获得 TXOP 的传输过程示意

与 PCF 类似，HC 通过 Beacon 帧发起免竞争周期 CFP。在 CFP 内，HC 通过发送 QoS CF-Poll 来轮询 STA。当 STA 收到 QoS CF-Poll 后，可以获得一个 HC 指明起始时间和最大持续长度的 TXOP。同时其他 STA 会根据这个 TXOP 的长度设置网络分配矢量 NAV。当 STA 在接收到发给它的 QoS CF-Poll 帧后，它将在时延 SIFS 后开始发送数据。否则，HC 将在信道空闲 PIFS 后收回信道的控制权，并将它分配给其他的无线站点。图 6-20 所示是混合协调器（HC）分配 TXOP 的过程。

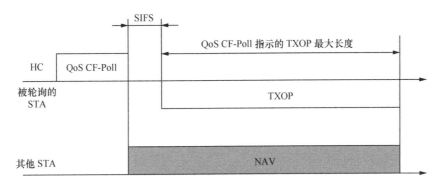

图 6-20　混合协调器（HC）分配 TXOP 的过程

在竞争周期 CP 内，同样可以进行 HCCA 模式。HC 在 CP 内具有最高的竞争优先权，可以很快获得传输媒介的控制权。当 HC 获得信道后，就会发送 QoS CF-Poll 轮询 STA，并分配 TXOP。如图 6-21 所示，HC 在 CFP 和 CP 中都可以发送 QoS CF-Poll。

图 6-21　HCCA 在 CFP 和 CP 期间混合接入

另外当 STA 有业务 QoS 需求时，可以在自己的轮询 TXOP 周期内或 EDCA 周期内发送 QoS 帧给 HC 报告 QoS 的需求。HC 根据相应的请求可以对轮询名单进行调整，分配给 STA 相应的 TXOP。如果资源紧张，HC 也可以不对 QoS 请求进行相应的处理，分配给 STA 小于其 QoS 需求长度的 TXOP。

本章小结

本章首先为读者概括性地介绍了无线局域网的概念和技术特点，使读者能够对 WLAN 技术有一个总体的了解。其次，本章详细阐述了无线局域网的历代标准，带领读者以时间为序认识了 IEEE 802.11 的技术发展历程。最后本章对于无线局域网的各项关键技术进行介绍，从细节处让读者更深刻地理解无线局域网的运作方法和工作机制。

本章习题

1. 蓝牙是一种为在个人操作空间内相互通信的无线设备提供联网的无线技术，其覆盖范围一般为（　　）左右。

A. 10 m　　　　　B. 50 m　　　　　C. 100 m　　　　　D. 1000 m

2. 以下哪个选项不属于无线局域网的优点（　　）。

A. 灵活性与移动性　　B. 安装便捷　　　　C. 易于扩展　　　　D. 速率高

3. IEEE 最初制定的一个无线局域网标准是_____。

4. IEEE 802.11n 是下一个无线新规范，这一新规范的数据传输速率尚未确定，但其速率至少将在_____Mbit/s 以上。

5. IEEE 802.11i 标准主要是克服 IEEE 802.11 在_____方面存在的不足。

6. 什么是 OFDM？OFDM 信号的主要优点是什么？

缩略语

1G	1st Generation	第一代（移动通信系统）
2G	2nd Generation	第二代（移动通信系统）
3G	3rd Generation	第三代（移动通信系统）
4G	4th Generation	第四代（移动通信系统）
5G	5th Generation	第五代（移动通信系统）

A

ABM	Asynchronous Balance Mode	异步平衡方式
AC	Access Category	访问类型
ADSL	Asymmetric Digital Subscriber Line	非对称数字用户线
AMC	Adaptive Modulation and Coding	自适应调制与编码
AMPS	Advanced Mobile Phone System	高级移动电话系统
ARM	Asynchronous Response Mode	异步响应方式
ARPA	Advanced Research Project Agency	（美国国防部）高级研究计划局
ARPANET	Advanced Research Projects Agency Network	阿帕网
ARQ	Automatic Repeat-reQuest	自动重传请求
AS	Autonomous System	自治系统
ASK	Amplitude Shift Keying	幅移键控
ATM	Asynchronous Transfer Mode	异步传输模式
AUC	Authentication Center	鉴权中心

B

BCMCS	Broudcast and Multicast Servise	广播多播业务
BEB	Binary Exponential Backoff	二进制指数退避
BGP-4	Border Gateway Protocol-4	边界网关协议-4
BSC	Base Station Controller	基站控制器
BSS	Base Station Subsystem	基站子系统

BTS	Base Transceiver Station	基站收发台
C		
CDM	Code Division Multiplexing	码分复用
CDMA	Code Division Multiple Access	码分多址
CERN	European Council for Nuclear Research	欧洲核子研究组织
CFP	Contention Free Period	免竞争周期
CF-Poll	Contention Free Poll	免竞争周期轮询
CIDR	Classless Inter-Domain Routing	无类别域间路由
CP	Cyclic Prefix	循环前缀
CSMA/CA	Carrier Sense Multiple Access with Collision Avoidance	带冲突避免的载波监听多路访问
D		
D-AMPS	Digital-Advanced Mobile Phone System	数字高级移动电话系统
DARPA	Defense Advanced Research Projects Agency	（美国）国防部高级研究计划署
DCA	Dynamic Channel Assignment	动态信道分配
DCC	Data Country Code	数据国家代码
DCF	Distributed Coordination Function	分布协调功能
DIFS	DCF Inter-frame Space	分布式帧间隔时间
DLL	Data Link Layer	数据链路层
DNIC	Data Network Identifier Code	数据网标识码
DNS	Domain Name System	域名系统
DoD	The Department of Defense	（美国）国防部
DPSK	Differential Phase Shift Keying	差分相移键控
DSB-SC	Double Side Band with Suppressed Carrier	抑制载波的双边带调制
DS-CDMA	Direct Sequence -Code Division Multiple Access	直接序列扩频码分多址
DSSS	Direct Sequence Spread Spectrum	直接序列扩频
DTE	Data Terminal Equipment	数据终端设备
DUAL	Diffusing Update Algorithm	弥散更新算法
E		
EDCA	Enhanced Distributed Channel Access	增强型分布式信道接入
EDGE	Enhanced Data Rate for GSM Evolution	GSM 增强型数据速率演进技术
EGP	Exterior Gateway Protocol	外部网关协议

EIFS	Extended Inter-frame Space	扩展帧间间隔
EIGRP	Enhanced Interior Gateway Routing Protocol	增强型内部网关路由协议
EIR	Equipment Identity Register	设备识别寄存器
EIRP	Equivalent Isotropically Radiated Power	等效全向辐射功率
ETSI	European Telecommunications Standards Institute	欧洲电信标准化协会
F		
FCC	Federal Communications Commission	美国联邦通信委员会
FCS	Frame Check Sequence	帧校验序列
FDD	Frequency Division Duplexing	频分双工
FDM	Frequency Division Multiplexing	频分复用
FDMA	Frequency Division Multiple Access	频分多址
FEC	Forward Error Correction	前向纠错
FFD	Full-Function Device	全功能设备
FH	Frequency Hopping	跳频
FHSS	Frequency-Hopping Spread Spectrum	跳频扩频
FM	Frequency Modulation	调频
FPLMTS	Future Public Land Mobile Telecommunication System	未来公众陆地移动通信系统
FSK	Frequency Shift Keying	频移键控
FTP	File Transfer Protocol	文件传输协议
G		
GSM	Global System for Mobile Communication	全球移动通信系统
H		
HARQ	Hybrid Automatic Repeat Request	混合自动重传请求
HCCA	HCF Controlled Channel Access	HCF 控制信道接入
HCF	Hybrid Coordination Function	混合协调功能
HDLC	High Level Data Link Control	高级数据链路控制
HEC	Hybrid Error Correction	混合纠错
HEW	High-Efficiency Wireless	高效无线
HLR	Home Location Register	归属位置寄存器

HSPA	High Speed Packet Access	高速分组接入
HSS	Home Subscriber Server	归属用户服务器
HTML	Hyper Text Markup Language	超文本标记语言
HTTP	Hyper Text Transfer Protocol	超文本传输协议

I

ICD	International Code Identifier	国际代码标识符
IEEE	Institute of Electrical and Electronics Engineers	电气与电子工程师协会
IGP	Interior Gateway Protocol	内部网关协议
IGRP/EIGRP	Interior Gateway Routing Protocol/Enhanced Interior Gateway Routing Protocol	内部网关路由协议/增强内部网关路由协议
IR	Intentional Radiator	主动辐射器
IS-IS	Intermediate System to Intermediate System	中间系统到中间系统
ISM	Industrial Scientific Medical	工业、科学和医疗
ISP	Internet Service Provider	互联网服务提供商
ITU	International Telecommunications Union	国际电信联盟
IX	Internet Exchange	互联网交换中心

J

JT	Joint Transmission	联合传输

L

LDPC	Low Density Parity Check Code	低密度奇偶校验码
LMDS	Local Multipoint Distribution Service	本地多点分配业务
LOS	Line of Sight	视距
LSA	Link State Advertisement	链路状态通告
LTE	Long Term Evolution	长期演进

M

MAC	Media Access Control	媒体接入控制
MCCA	Mesh Controlled Channel Access	无线网状网控制信道接入
Mesh	Mesh Coordination Function	Mesh 协调功能
MIB	Management Information Base	管理信息库
MIME	Multipurpose Internet Mail Extensions	多用途互联网邮件扩展类型
MIMO	Multiple Input Multiple Output	多输入多输出

MMDS	Multichannel Multipoint Distribution Service	多路多点分配业务
MME	Mobility Management Entity	移动性管理实体
MMF	Multi Mode Fiber	多模光纤
MMS	Multimedia Messaging Service	多媒体消息业务
MPEG-2	Moving Picture Experts Group 2	运动图像专家组-2
MS	Mobile Station	移动台
MSC	Mobile Switching Center	移动交换中心
N		
NGI	Next Generation Internet	下一代互联网
NIC	Network Interface Controller	网络接口控制器
NIN	National Identification Number	国家识别码
NLOS	Non Line of Sight	非视距
NMT	Nordic Mobile Telephony	北欧移动电话
NN	Network Number	网络号码
NOC	Network Operations Center	网络运营中心
NRM	Normal Response Mode	正常响应方式
nrtPS	not real time Polling Service	非实时轮询服务
NRZ	Non Return to Zero	不归零码
NSF	National Science Foundation	（美国）国家科学基金会
NSS	Network Switch Subsystem	网络交换子系统
NTN	Network Termination Number	网络终端号
O		
OAM	Orbital Angular Momentum	轨道角动量
OFDM	Orthogonal Frequency Division Multiplexing	正交频分复用
OFDMA	Orthogonal Frequency Division Multiple Access	正交频分多址接入
OLT	Optical Line Terminal	光纤线路终端
OMC	Operation and Maintenance Center	操作维护中心
OMC-R	Operation and Maintenance Center-Radio	操作维护中心-无线部分
OMC-S	Operation and Maintenance Center-System	操作维护中心-系统部分
ONU	Optical Network Unit	光网络单元

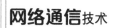
OSI/RM	Open System Interconnection/Reference Model	开放式系统互联/参考模型
OSPF	Open Shortest Path First	开放式最短路径优先
OSS	Operation Support Subsystem	运营支撑子系统

P

PAM	Phase Amplitude Modulation	相位幅度调制
PAN	Personal Area Network	个人区域网络
PBCC	Packet Binary Convolutional Code	分组二进制卷积码
PC	Point Coordinator	点协调者
PCF	Point Coordination Function	点协调功能
PCM	Pulse Code Modulation	脉冲编码调制
PDC	Personal Digital Cellular	个人数字蜂窝
PDU	Protocol Data Unit	协议数据单元
P-GW	PDN Gateway	分组数据网关
PHY	Physical Layer	物理层
PIFS	PCF Inter-frame Space	PCF 帧间间隔时间
PKM	Key Management Protocol	密钥管理协议
PM	Physical Media	物理介质
PON	Passive Optical Network	无源光网络
POS	Personal Operating Space	个人操作空间
POS	Passive Optical Splitter	无源光纤分支器
PPP	Point to Point Protocol	点对点协议
PPPoA	PPP over ATM	基于 ATM 的点对点协议
PPPoE	PPP over Ethernet	基于以太网的点对点协议
PRL	Preferred Roaming List	优选漫游列表
PSK	Phase Shift Keying	相移键控

R

RD	Routing Domain	路由选择域
RFD	Reduced-Function Device	精简功能设备
RNC	Radio Network Controller	无线网络控制器
RIP/RIP2	Routing Information Protocol	路由信息协议
rtPS	real time Polling Service	实时轮询服务

RTS/CTS	Request-To-Send/Clear-To-Send	请求发送/清除发送

S

SAE	System Architecture Evolution	系统架构演进
SCP	Service Control Point	业务控制节点
SDH	Synchronous Digital Hierarchy	同步数字体系
SDMA	Space Division Multiple Access	空分多址
SEL	Selector	选择器
S-GW	Serving Gateway	服务网关
SIFS	Short Inter-frame Space	短帧间隔时间
SIM	Subscriber Identity Module	用户识别模块
SIR	Signal to Interference Ratio	信号干扰比
SISO	Simple Input Simple Output	单输入单输出
SLIP	Serial Line Internet Protocol	串行线路网际协议
SMF	Single Mode Fiber	单模光纤
SMS	Short Messaging Service	短消息业务
SMTP	Simple Mail Transfer Protocol	简单邮件传输协议
SNMP	Simple Network Management Protocol	简单网络管理协议
SRMC	State Radio Monitoring Center	（中国）国家无线电监测中心
SRRC	State Radio Regulation Committee	国家无线电管理委员会
SSB	Single Side Band	单边带
SSH	Secure Shell	安全壳协议
STP	Shielded Twisted Pair	屏蔽双绞线
SVC	Switching Virtual Circuit	交换式虚拟连接

T

TACS	Total Access Communication System	全接入通信系统
TC	Transmission Coverage	传输汇聚子层
TCP/IP	Transfer Control Protocol/Internet Protocol	传输控制协议/网际协议
TDD	Time Division Duplexing	时分双工
TDM	Time Division Multiplexing	时分复用
TDMA	Time Division Multiple Access	时分多址

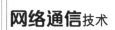

网络通信技术

续表

TD-SCDMA	Time Division-Synchronous Code Division Multiple Access	时分同步码分多址
TELNET	Telecommunication Network protocol	电信网络协议
TH	Time Hopping	跳时
TP	Twisted Pair	双绞线
TXOP	Transmission Opportunity	发送机会

U

UE	User Equipment	用户设备
UNII	Unlicensed National Information Infrastructure	无许可证的国家信息基础设施
UP	User Priority	用户优先级
UTP	Unshielded Twisted Pair	非屏蔽双绞线

V

VBR	Variable Bit Rate	实时可变比特率
VLR	Visitor Location Register	访问位置寄存器
VR	Virtual Reality	虚拟现实

W

WCDMA	Wideband Code Division Multiple Access	宽带码分多址
WDM	Wave Division Multiplexing	波分复用
WECA	Wireless Ethernet Compatibility Alliance	无线以太网兼容性联盟
WPA	Wi-Fi Protected Access	Wi-Fi 保护访问
WPAN	Wireless Personal Area Network	无线个人区域网络

参考文献

[1] 王英柏. 风雨百年通信史解放前——徘徊发展，历尽艰辛[J].通信世界，2000（1）:23.

[2] 任宗伟. 物联网基础技术[M]. 北京：中国物资出版社，2011.

[3] 李建东，盛敏，李红艳. 通信网络基础[M]. 北京：高等教育出版社，2011.

[4] 樊昌信，曹丽娜. 通信原理. 7 版[M]. 北京：国防工业出版社，2013.

[5] 解相吾. 通信原理. [M]. 北京：电子工业出版社，2013.

[6] 邹铁刚，孟庆斌，丛红侠，等. 移动通信技术及应用[M]. 北京：清华大学出版社，2013.

[7] 王华奎. 移动通信原理与技术[M]. 北京：清华大学出版社，2009.

[8] [美] Theodore S. Rappaport. 无线通信原理与应用. 2 版[M]. 周文安，等，译. 北京：电子工业出版社，2006.

[9] 谢希仁. 计算机网络. 6 版 [M]. 北京：电子工业出版社，2013.

[10] [日]竹下隆史. 图解 TCP/IP [M]. 乌尼日其其格，译. 北京：人民邮电出版社，2013.

[11] [美]R.Fall，等. TCP/IP 详解. 卷 1，协议 [M]. 吴英，等，译. 北京：机械工业出版社，2000.

[12] [美]Joe Casad. TCP/IP 入门经典 [M]. 王士喜，等，译. 北京：人民邮电出版社，2012.

[13] 王达. 深入理解计算机网络 [M]. 北京：机械工业出版社，2013.

[14] [美]JamesF.Kurose，KeithW.Ross. 计算机网络：自顶向下方法 [M]. 陈鸣，译. 北京：机械工业出版社，2009.

[15] 方汝仪.5G 移动通信网络关键技术及分析[J]. 信息技术，2017（1）.

[16] 俞涛，郝洁，张小晖.5G 通信技术的应用场景及关键技术分析[J]. 数字技术与应用，2020，38（10）:14~15.

[17] 赵国锋，陈婧，韩远兵，等.5G 移动通信网络关键技术综述[J]. 重庆邮电大学学报（自然科学版），2015，27（4）.

[18] 齐江. 无线局域网（WLAN）发展概述[J]. 中国数据通信，2002（7）:6~10.